零基础

Python

编程从入门到精通

王博◎编著

北京时代华文书局

图书在版编目（CIP）数据

零基础Python编程从入门到精通 / 王博编著. -- 北京 : 北京时代华文书局, 2021.7
ISBN 978-7-5699-4192-0

Ⅰ. ①零… Ⅱ. ①王… Ⅲ. ①软件工具－程序设计
Ⅳ. ①TP311.561

中国版本图书馆 CIP 数据核字 (2021) 第 099440 号

零基础Python编程从入门到精通

LING JICHU PYTHON BIANCHENG CONG RUMEN DAO JINGTONG

编　　著 | 王　博

出 版 人 | 陈　涛
选题策划 | 王　生
责任编辑 | 周连杰
封面设计 | 刘　艳
责任印制 | 刘　银

出版发行 | 北京时代华文书局 http://www.bjsdsj.com.cn
北京市东城区安定门外大街136号皇城国际大厦A座8楼
邮编：100011　电话：010-64267955　64267677
印　　刷 | 三河市京兰印务有限公司　　电话：0316-3653362
（如发现印装质量问题，请与印刷厂联系调换）
开　　本 | 710mm×1000mm　1/16　　印　　张 | 15　　字　　数 | 151千字
版　　次 | 2021年10月第1版　　印　　次 | 2021年10月第1次印刷
书　　号 | ISBN 978-7-5699-4192-0
定　　价 | 98.00元

前　言
ntroduction

致正在学习 Python 的你

我们不止在一个场合听过 Python，而且很多人会表示 Python 很容易——相比 C 语言、C+、Java 等简直就是“小儿科”。这种说法不能说完全错误，但也不能认为完全正确。

因为 Python 创建之初的目的就是简化编程语言，使编程语言“变成”人们可以用人类语言的规律去理解的语言。这种能力是非常强大的，但不要将这种强大的能力理解为简单，随便学学就可以“通关”。

学习 Python 也会经历一个比较漫长的过程，包括前期的接触与适应、中期的掌握与钻研、后期的应用与开发。

首先，我们需要制定一个长期的学习规划与学习目标，只有沉下心去钻研才会进入 Python 的世界。其次，有人说学习要与兴趣结合，我们也很认同这个观点，即结合兴趣去学习可以达到事半功倍的效果。

Python 在不知不觉间已经融入到我们的生活与工作当中。下面，我们可以看一下 Python 究竟能做什么，希望从中可以找到每个人的兴趣点，从而增强学习

Python 的动力。

1. 网络爬虫

简单来说，网络爬虫是按照某种规则从网络上抓取所需要的数据信息的过程。众所周知，网络是信息交汇的平台，我们可以通过爬虫技术从一个端口进入，从而探索整个网络的信息。

网络爬虫的目的是抓取我们所需要的信息。很多语言都可以实现这种操作，但是 Python 的效率、准确度以及质量相对来说较快、较干净。

2. 网页开发

Python 的原始属性是打造一种简单、易于操作的语言。网页开发也称为 Web 开发，一个网页的开发需要兼容很多属性的元素，而 Python 较高的兼容性和占用内存较小的特点，让其犹如为 Web 开发专门诞生的语言一般。

网页的开发只需要三个步骤即可：学习 Python、掌握互联网协议、具备运用数据库的能力。熟练地掌握这三项技能就可以轻松地创建出可以使用的网页了。

3. 人工智能

人工智能技术也被称为 AI 技术，已经普遍应用于人们的生活与工作当中。可以说，除了交通、金融，包括教育、农业、广告、零售、医疗等，各行各业都在接受 AI 技术的变革。

能为 AI 技术服务的语言，首先，需要具备内存占用空间较小的优势；其次，可以兼容多元素；最后，语言要整洁且易操作。这不就是 Python 吗?

4. 数据自动化

我们知道，在平常的工作当中，制作表格、绘制图纸、归纳数据等工作，虽然枯燥但又不可不做。而在数据采集方面，Python 也拥有自己的特点。例如，学习掌握 IP 模块、DNS 模块等内容，会让我们快速完成数据的提取、归纳、制图等任务。

Python 能做的事情很多，我们可以完全从中挑选出一些感兴趣的项目，更有针对性地去学习 Python。

学习并掌握一门语言是需要有恒心的。希望本书可以解决你当前遇到的一些问题，同时也希望每一个读者都能够抱着空杯的心态，开始对本书的阅读。

目 录
Contents

第二章　Python 的开发环境 / 009

第十一章 Python 常用内置函数解析 / 160

第一章

什么是 Python

一种新事物的诞生，简单来说就是为了解决旧事物无法解决的问题。本章我们将学习程序语言的发展历史，同时也会了解 Python 的诞生契机和特点。

1.1 编程的历史

一个程序的诞生，往往会涉及两个方面：一个是编程指令；一个是编程的程序。

指令就是命令。打个比方：当我们需要向前行走时，必须由大脑下达行走的指令，然后经过身体各部位的配合完成行走的过程。所以编程人员在设计程序时，需要将想要呈现的效果通过计算机下达指令，并完成指令的传输。

不同的指令传输到计算机时，需要不同的顺序和规则。计算机本身是没有思想的，它无法通过自身对命令进行编辑。所以程序人员在传输指令时，需要将指令按照计算机可以“懂得”的语言进行传输。这些将指令有序编辑的过程就是程序。

计算机拥有自己的传输方式。因为计算机在传输过程中只认识 0 和 1 两个数字，所以对这两个数字的编辑过程，就是程序诞生的过程。

通过将 0 和 1 两个数字按照不同的顺序和长度进行排列，即可完成不同指令的传输。简单来说，01010101 指令和 10101010 指令就是两个完全不同的程序。每个程序只能代表一个含义，所以每个程序的产生是由无数这样的数字组合指令搭配完成的。

现代科技信息技术的发展程度还无法完成全智能计算机的生产，所以我们经常会说计算机是冰冷的，那么这些“没有感情”的机器是如何进行指令识别的呢?

计算机的核心是中央处理器，简称 CPU。CPU 是计算机的大脑，而且在这个大脑生产过程中，设计人员已经将程序输入到大脑中。编程人员只需要按照既定的程序规则进行指令的编辑，就可以让计算机大脑在已拥有的程序模板中去寻找程序人员需要的指令。整个指令的传输过程就是计算机识别指令的方式。

不同的指令组合方式和规则使编程出现了多形式发展的状况，从而诞生了众多的编程语言，如 C、C++、Python、Java 等，而且每种语言都有其独特的组合方式和使用场景。

新事物的诞生必然有其原因。随着程序语言的发展和社会的高速进步，当原有的程序编辑组合方式已经不符合时代的要求，新的计算机语言便会诞生。

下面我们看一下程序语言的发展历程和 Python 语言诞生的契机。

程序语言的发展主要分为三个阶段，尤其是在最后一个阶段，为 Python 语言的诞生创造了契机。

1.1.1 机器语言

机器语言也就是“二进制代码”语言，即上述内容中我们提到的将数字 0 和 1 进行不同的排列组合进行程序的编程。虽然这种语言的优势是简单易懂，但是随着程序语言的发展，语言的数量也开始大幅度增加，原有的代码已经不能满足使用需求，所以只能不停地增加原有代码的数量，最终导致二进制代码越来越长，在编辑过程中也越来越复杂。

1.1.2 汇编语言

汇编语言是为了解决上述二进制代码语言的弊端而诞生的语言。因为二进制代码语言越来越长，所以人们将过长的二进制代码语言进行字母和符号的重新汇编，有效解决了因为指令过长在编辑过程中出现的错误。虽然汇编语言解决了程序人员的基础需求，但是汇编语言存在着与二进制代码语言同样的弊端——当需要的汇编语言越来越多的时候，代码数量也越来越多，编辑过程则越来越烦琐。

1.1.3 高级语言

上述的两种语言只是将指令进行替代，所以需要的指令越多，语言的体量也就越来越大。

如何解决这样的问题呢？IBM 的工程师贝克斯根据这两种语言只能进行替代的缺点，开发出了最早的高级语言 Fortran。简单来说，程序人员将指令按照一定的语法进行编辑，只要将需要的代码进行语法组合就会生出需要的指令。根据语法和使用环境的不同，越来越多的高级语言被开发出来，如 C 语言、C++ 语言、

Java、Delphi 以及我们本书要学习的 Python。

1.2 Python 的诞生与应用

1989 年，荷兰人吉多・范罗苏姆（Guido van Rossum）（图 1.2.1）利用闲暇时间开始研发 Python（图 1.2.2）语言的编译器。

戏剧化的是，Python 名字的由来是摘自吉多・范罗苏姆喜欢的一部电视剧的剧名《Monty Python's Flying Circus》。吉多・范罗苏姆的初衷是研发一种更简易的语言，创建出一种介于 C 语言和 Shell 编程语言之间的语言。这种语言不但要功能强大，而且在操作上应该更加简便。

图 1.2.1 Guido van Rossum（图片来源：https://baike.baidu.com/item/%E5%90%89%E5%A4%9A%C2%B7%E8%8C%83%E7%BD%97%E8%8B%8F%E5%A7%86/328361?fr=aladdin）

图 1.2.2　Python 图标

1991 年，吉多·范罗苏姆以 C 语言为基础研发了第一代 Python 编译器，拥有函数编辑、异常处理、类别、类型等功能。

吉多·范罗苏姆也因为研发了 Python 而获得了很多的奖项和声誉。例如，2002 年，在比利时布鲁塞尔举办的自由及开源软件开发者欧洲会议上，吉多·范罗苏姆获得了由自由软件基金会颁发的 2001 年自由软件进步奖；2003 年 5 月，吉多·范罗苏姆获得了荷兰 UNIX 用户小组奖。

是什么原因让 Python 受到了如此欢迎呢？主要基于以下四点：

首先，Python 是一种解释性的语言，这也就意味着在 Python 的开发过程中省去了编译的环节。

其次，Python 具有很强的可读性。简单来说，Python 有着自己独特的语法结构，相比其他编译语言大量使用的英文和符号，Python 在编写过程中更加简便。

再次，Python 是交互式的语言。也就是说，Python 可以在提示符“>>>”后面直接加入可执行的代码。

最后，Python 是面向对象语言。这意味着 Python 可以根据对象的风格和代码将自己融入对象的编辑。

总体来说，Python 对于初次接触编程的人来说是一种“伟大”的语言，就像是一条高速公路上明确的指示牌，高速的通道和简单的路线让学习者可以更快地驶向编程的大门。

除了以上特点，Python 还拥有易于维护、可移植、可拓展、可嵌入等优势。因为其拥有诸多特点，所以在很多领域中占据了一席之地。例如，Web 开发、网络爬虫、人工智能、大数据和自动化等领域，都随处可见 Python 的身影。

1.3 Python 其实很容易

其实，Python 很容易。在前面的介绍中我们已经知道 Python 对于初学者其实很“友好”。简易的语法结构、强大的可读性、良好的移植能力等，在学习中可以让初学者很快融入 Python 的环境当中。本节我们主要解析一下 Python 的特点，帮助大家更好地开始接下来的学习。

1.3.1 简易

就像研发出 Python 的吉多 · 范罗苏姆所希望的那样，研发 Python 的初衷就是为了将程序简化，所以 Python 语言是标准的简易语言。其特有的编辑语法结合本身的简易属性，可以让初学者在刚刚迈入编程大门时就快速地进入编程的海洋中，对复杂的程序语言进行系统性学习。

1.3.2　自由

与大部分的编程语言不同的是，Python 是自由且开放的软件。我们可以通过直接阅读代码去理解代码的含义，也可以主动拷贝自己认为优秀的代码去学习，甚至可以将优秀的代码拷贝到自己需要的代码当中去使用等。正是由于 Python 具有自由的属性，所以能够让一则代码变得越来越优秀，而不是闭门造车。这也是 Python 优良的属性之一。

1.3.3　可移植

Python 强大的可移植特性源于 Python 研发时自带的属性。吉多 · 范罗苏姆在开始研发 Python 时，就着重研发如何利用更加简洁的方式将编程者想要表达的代码融入其他操作系统中。迄今为止，Python 可以在 Linux、Windows、Amiga 等几十个操作系统中使用，甚至可以应用于 Google 基于 Linux 开发的 Android 操作系统。

1.3.4　库

Python 拥有庞大的标准库。通过标准库的操作，初学者可以顺利地掌握表达式、生成、测试、文件和网页浏览器等功能。可以说，只要 Python 正常运行，这些库可以随时被使用。除了这些标准库，Python 还拥有高质量的图像库、Twisted 等。

以上几点只是 Python 被人喜爱的诸多优势中的一部分。当然，任何一款编程软件都不是完美无缺的，Python 也有着一些缺点值得我们注意。

首先，运行速度。在运行速度上 Python 没有 C++ 或 C 语言快。

其次，资料较少。由于 Python 进入国内市场比较晚，相比较来说没有其他的“老派”编程软件的学习资料多，所以我们也希望通过本书可以将越来越多的编程爱好者带入 Python 大家庭中。

最后，构架太多。Python 不像 C 语言一样拥有官方的“.net”构架。

虽然 Python 的缺点很明显，也存在需要改进的方向，但并不影响我们去学习并掌握这门简易且强大的编程软件。

第二章

Python 的开发环境

每一款软件都有其专属的开发环境和平台。本章主要学习 Python 的下载与安装，以及 Python 与市面上热门的编程软件的对比。

2.1 Python 的下载与安装

Python 的下载地址为 https://www.python.org/getit/。打开浏览器，输入网址就会进入 Python 的网站，如图 2.1.1 所示。

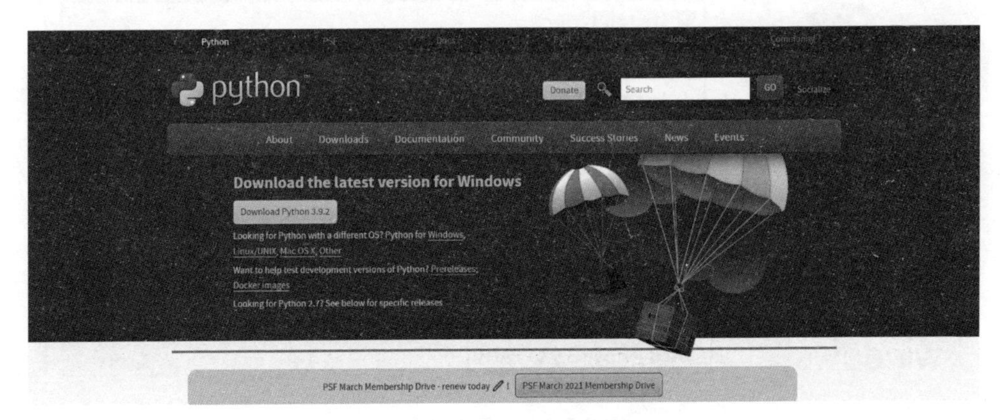

图 2.1.1　Python 的网站页面

在 Download 中选择我们需要的软件版本即可。值得注意的是，需要根据自己的电脑运行系统进行下载，如图 2.1.2 所示。

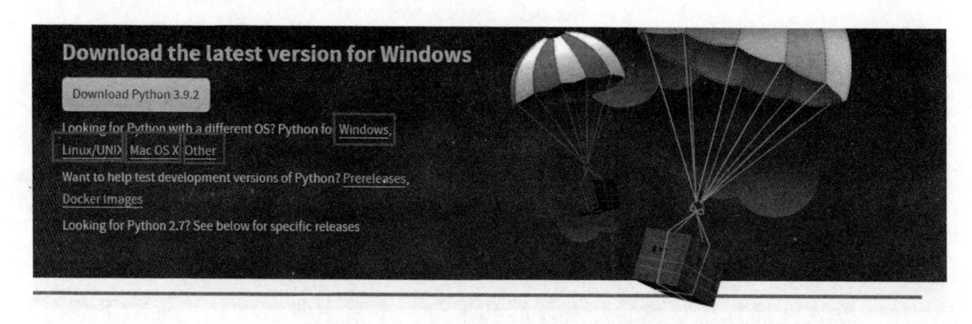

图 2.1.2　不同系统的软件安装位置

软件下载完成后，直接选择安装，弹出相应界面，如图 2.1.3 所示。选择“Install now”，并且选择下面的“Add Python 3.9 to PATH”选项，这样会允许 Python 添加环境变量。

图 2.1.3　安装选项界面

下面进入安装的等待界面，如图 2.1.4 所示。

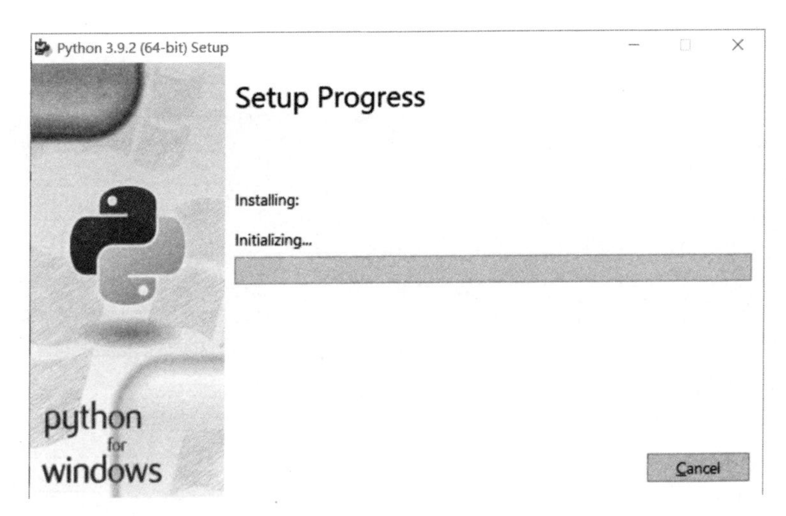

图 2.1.4　安装等待界面

接下来我们进入 cmd 命令窗口。打开方式为“WIN+R”键或者在屏幕左下角“开始”菜单栏中选择“运行”命令，打开后进入 cmd 命令窗口，如图 2.1.5 所示。

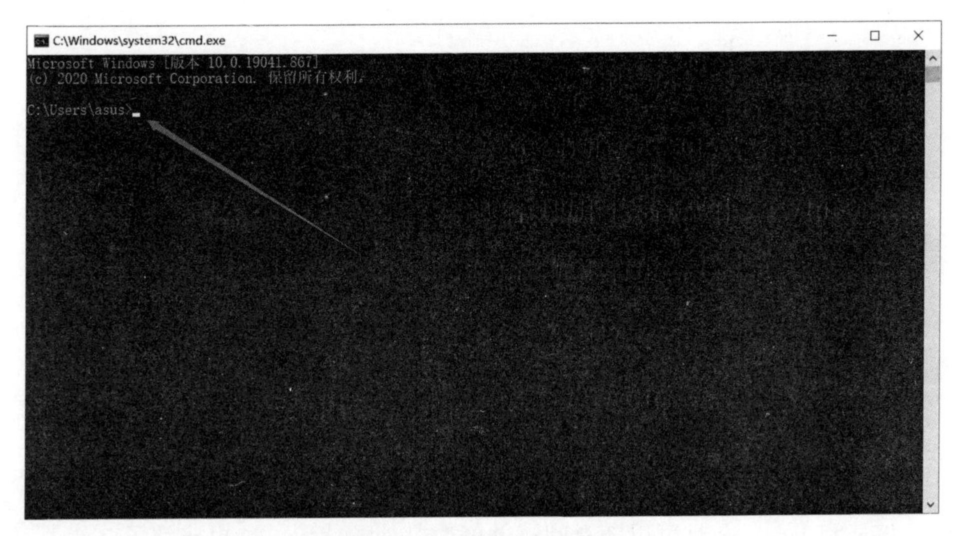

图 2.1.5　cmd 命令提示符窗口

在闪烁的光标后面输入“Python”，如果显示如图 2.1.6 所示，则证明我们已经成功安装了 Python。

图 2.1.6　输入 Python 后 cmd 的程序运行

2.2 Python VS Java

Python 和 Java 有很多相似的地方，也有很多的不同之处。两者的不同之处并不完全是语言能力高低的不同，而是在某些领域上面两种语言都有着自己的独特优势。下面我们详细了解一下两种语言的主要特点和不同之处。

2.2.1 免费

两者从诞生之日起都是允许用户免费下载的，也就是说任何人都可以随时下载 Python 和 Java，并且可以随意阅读并修改其他源代码，这也成就了 Python 和

Java 在编程软件中的地位。正是由于这种“自由”的创作氛围，使得两种语言得到了快速的发展和更新。

2.2.2 移植性

两种语言都有很强的可移植性，都可以跨平台移植。但是从跨度来说并不“彻底”：Java 跨平台的方式是通过虚拟机来实现的，但是虚拟机本身并不适用于全部的平台；Python 跨平台的方式是由于其本身的语言特性，虽然可以在大部分平台自由地编写 Python 语言，但是并不是支持所有的平台编写。

2.2.3 阅读性

从语言特点来说，两种语言都是很简单的计算机语言，相比较于其他的“古老”语言有很强的可读性。Java 是因为其本身没有比较复杂的程序，所以在编写过程中是很“愉快”的；Python 是基于其本身的语言特性，比如拥有可读性极强的逻辑代码，在语言的编写过程中只要按照简单的逻辑思维编辑，就可以完成一段完整的代码。

2.2.4 应用方向

两种语言根据自己的特性有着各自适用的领域：Java 的主要应用领域在 Web 开发、安卓开发、网页编辑等方面；Python 的主要应用领域在游戏开发、图形图像检索、引擎开发等方面。

2.2.5 库

基于 Python 强大的移植性能，以及其自身拥有的强大标准库，可以定义其他的第三方库，所以 Python 不但自身的库够强大，还拥有高质量的第三方库；Java 同样拥有自己的标准库，其强大的能力可以让 Java 通过最简单的程序解决复杂的问题。

2.2.6 移动互联

Python 可以通过运行库运行安卓和 IOS 系统，而 Java 只能用于安卓系统的开发。

2.3 Python VS C 语言

2.3.1 编译类型

C 语言属于编译语言，需要将代码编译后再运行；Python 属于解释性语言，不需要进行编译。

2.3.2 运行速度

运行速度上 C 语言要明显优于 Python。

2.3.3 跨平台

C 语言一般用于源系统的开发，主要“精力”会用在数据底层的开发方面，所以不能跨平台；Python 是可以跨平台的，也正是因为这个原因，Python 适合软件的快速开发。

2.3.4 数据类型

C 语言在编译过程中需要先定义变量，如 int 类型，在预算过程中需要提前规划好语言的精度、长度等问题；Python 不需要进行定义变量，少了 C 语言中常见的指针类型、变量类型等，所以从类型方面可以看出 Python 的操作相比 C 语言更加简便。

2.3.5 头文件

C 语言中需要进行头文件的指定，Python 中则不需要。

2.3.6 调用函数

C 语言调用函数是严谨的，在调用过程中要严格遵循调用的顺序，或者在开头添加声明；Python 中没有这样的限制，函数名可以当作变量、指定函数或者参数来使用。

相对于 C 语言，Python 是很“自由”的语言，少了很多条条框框的限制，学习起来也比较通俗易懂。

2.4 我们可以用 Python 做什么？

如果你具备了 Python 编程能力，那么可以用 Python 做点什么呢？

2.4.1 爬虫

我们称为网络爬虫，简单来说就是通过采集大量网页的数据，为所需要的数据库做数据支撑。换句话说，就是将其他网页的数据信息进行分类汇总，在需要调用这些数据的时候有一个可以被调用的资源库使用。

2.4.2 Web 开发

因为 Python 的语言特性，很适合做 Web 开发的工具，如知名的 YouTube、Google 等网站都大量使用 Python 进行编写，甚至 NASA（美国国家航空航天局）也在使用。

2.4.3 游戏

同适用于 Web 开发的原因一样，简易的 Python 语言也可以应用于游戏的开发，包括很多大型游戏的后台都是用 Python 开发的。

2.4.4 数据整理

我们可以利用 Python 整理日常工作中的数据和表格，将一些烦琐的数据制作成简洁的表格，或者将大量的数据进行分类汇总。

2.4.5 大数据和人工智能

近年来，大数据和人工智能在高速发展，其中 Python 的功劳不言而喻。

其实每一种编程语言都可以应用在人工智能上，但是 Python 的属性更契合人工智能的开发与应用。快速、稳定、可移植和拓展性能是人工智能应用中最重要的因素，而 Python 有着非常强大的 AI 库，包括 http 库、ftp 库、html 库等都非常适合人工智能。

总体而言，Python 是一门功能强大且简洁的语言，拥有强大的逻辑编辑属性。利用网络上经常会说的一句话总结 Python 的影响力，即“人生苦短，我用 Python！”

2.5 Python2.0 与 Python3.0 的区别

Python3.0 以上的版本被称为 Python3000 或者 Py3k，是 Python 的最新版本，相较于之前的版本有很大的升级。

遵循 Python 一直以来由繁入简的理念，Python3.0 去掉了很多“累赘”，在程序上也产生了一部分变化。相较于 Python 的早期版本，有很多原有的程序是无法在 Python3.0 上运行的，因为 Python3.0 有了新的语法等内容。

2.5.1 print 函数

Print 函数没有了，取而代之的是 print () 函数。这里需要我们注意的是 print 与 () 之间有一个空格存在，并且 print () 不能有其他的参数。

2.5.2 中文使用

Python2.0 中有 ASCII str() 类型，但 unicode() 是单独的。而 Python3.0 中的源代码使用了 utf-8 编码，因此在使用中文方面就更加简便。

```
语言 = 'language'
print（语言）
Language
```

2.5.3 数据类型

Python3.0 采用“int”类型代替了“long”类型，并且新增了“bytes”类型来对应 Python2.0 中的八位字符串。

```
b = b'Python'
type(b)
<type 'bytes'>
```

2.5.4 不等运算符

Python3.0 中去掉了运算符“<>”，只保留了“!=”一种写法。

```
def sendMail(from_: str, to: str, title: str, body: str) -> bool:
Pass
```

2.5.5 除法运算

Python 本身拥有的除法运算规则比较完善，而且除法的运算有两种运算符，分别是 / 和 //：

/ 运算：

在 Python2.0 中，/ 的运算与其他语言中的除法运算规则是一样的，除法结果只保留整数部分，小数部分会被忽略。

在 Python3.0 中，/ 的运算不仅会保留整数部分，而且浮点部分也会被保存。

// 运算：

// 运算也被称为 floor 运算，会对被执行的结果进行一个 floor 运算，这种运算在 Python2.0 和 Python3.0 中的结果是一致的。

Python2.0 中的 / 运算以及 // 运算：

```
1/ 5
0
1.0 / 5.0
0.2
```

```
-1 // 2
-1
```

Python3.0 中的 / 运算以及 // 运算：

```
1/5
0.2

-1 // 2
-1
```

第三章 输入与输出

Python 输出值的方式有两种，分别是表达式语句和 print () 函数；str.format() 函数用来格式化输出值，可以让输出的形式多样化；repr() 和 str() 函数可以将输出值改为字符串。

下面我们分别介绍一下这些输出格式。

3.1 Print () 函数

我们来看下面的案例，了解一下 print () 函数输出不同元素时的格式：

```
print("1：Python")       # 输出字符串

print("2：10")       # 输出数字

str = '3：Python'
print(str)       # 输出变量
```

```
L = [3.1,415,'a']        # 列表
print(L)

t = (3.1,415,'a')        # 元组
print(t)

d = {'a':3.1, 'b':4}     # 字典
print(d)
```

输出结果如下：

```
1：Python
2：10
3：Python
[3.1, 415, 'a']
(3.1, 415, 'a')
{'a': 3.1, 'b': 4}
```

在 PyCharm[①] 中的运行结果，如图 3.1.1 所示。

① PyCharm 是一种 Python IDE（Integrated Development Environment，集成开发环境），带有一整套可以帮助用户在使用 Python 语言开发时提高其效率的工具，比如调试、语法高亮、Project 管理、代码跳转、智能提示、自动完成、单元测试、版本控制。

```
1   print("1: Python")        # 输出字符串
2   
3   print("2: 10")            # 输出数字
4   
5   str = '3: Python'
6   print(str)                # 输出变量
7   
8   L = [3.1,415,'a']         # 列表
9   print(L)
10  
11  t = (3.1,415,'a')         # 元组
12  print(t)
13  
14  d = {'a':3.1, 'b':4}      # 字典
15  print(d)
```

```
main ×
D:\pythonProject3\venv\Scripts\python.exe D:/pythonProject3/main.py
1: Python
2: 10
3: Python
[3.1, 415, 'a']
(3.1, 415, 'a')
{'a': 3.1, 'b': 4}

进程已结束，退出代码为 0
```

图 3.1.1

3.1.1　输出格式化整数

在 Python 中支持格式化输出，但往往会涉及到一些字符串格式化符号，如表 3-1 所示。

表 3-1　字符串格式化符号列表

%c	字符以及 ASCII 码
%s	字符串
%d	十进制有符号整数
%u	十进制无符号整数
%o	八进制无符号整数
%x	十六进制无符号整数
%X	十六进制大写无符号整数
%e	科学计数泆的浮点数字
%E	科学计数法的浮点数字（用 E 代替 e）
%f	用小数点符号的浮点数字
%g	用 %e 或 %f 的浮点数字
%G	类似于 %g 的浮点数字
%p	指针（用十六进制打印值的内存地址）
%n	存储输出字符的数量放进参数列表的下一个变量中

下面是一些中占位符的案例：

3.1.1.1 %d

```
age = 30
print("my age is %d" %age) # 我的年龄是 30 岁
```

在 PyCharm 中的运行结果，如图 3.1.2 所示。

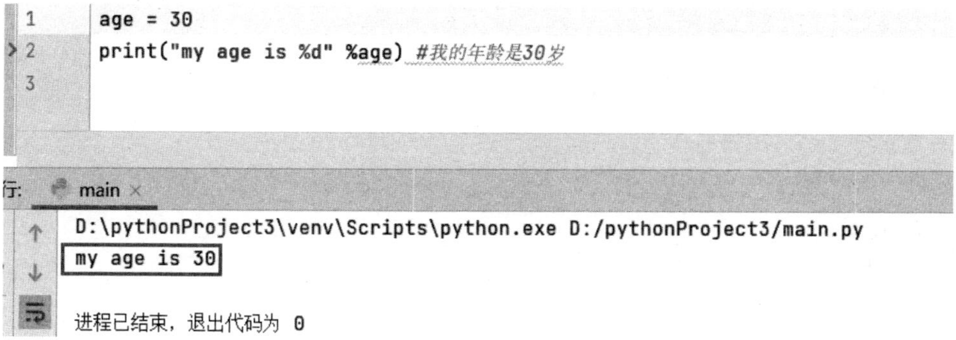

```
1  age = 30
2  print("my age is %d" %age) #我的年龄是30岁
3
```

```
行: main ×
D:\pythonProject3\venv\Scripts\python.exe D:/pythonProject3/main.py
my age is 30

进程已结束，退出代码为 0
```

图 3.1.2

3.1.1.2 %f

```
print("%3.1f" % 1.6)

print("%f" %1.6)
```

在 PyCharm 中的运行结果，如图 3.1.3 所示。

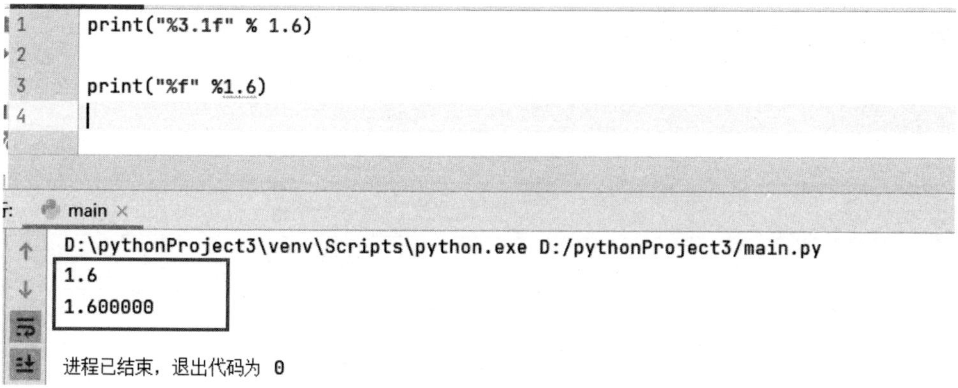

```
1  print("%3.1f" % 1.6)
2
3  print("%f" %1.6)
4
```

```
: main ×
D:\pythonProject3\venv\Scripts\python.exe D:/pythonProject3/main.py
1.6
1.600000

进程已结束，退出代码为 0
```

图 3.1.3

3.1.1.3 %s

```
name = "joker"
print("my name is %s" %name) # 我的名字
```

在 PyCharm 中的运行结果，如图 3.1.4 所示。

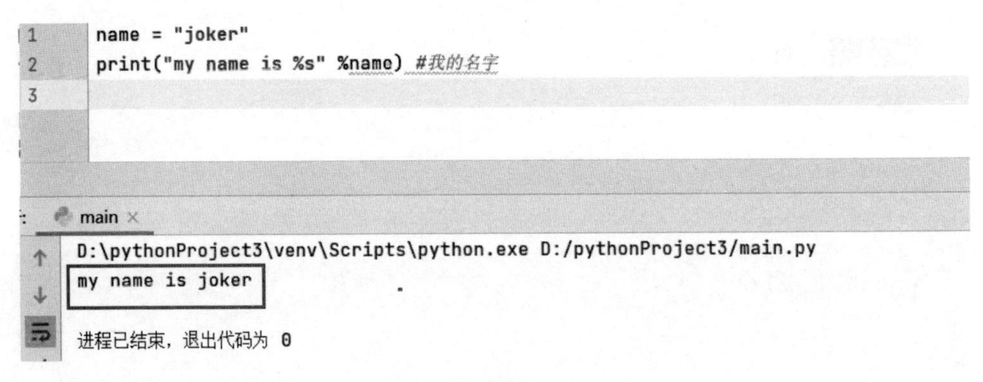

图 3.1.4

其中，还有一些辅助的格式化操作指令，如表 3–2 所示。

表 3–2 辅助的格式化操作指令

*	定义宽度或者是精度
–	常用左对齐
+	在正数的前面显示加号
<sp>	在正数面前显示空格
#	在八进制里显示“0”；十六进制里显示“0X”
0	数字前面填充 0 而不是默认的空格

续表

%	'%%' 输出一个单一的 '%'
(var)	映射变量
m.n.	m 是显示最小总宽度；n 是小数点后的位数

3.1.2 类型转换（float）：

在 Python 中，类型的转换可以将整形转换为浮点型。

```
pi = 3.1415926
print('%8.4f' % pi)        # 字段宽 8，精度 4


print("pi = %.*f" % (2,pi)) # 输出小数点后的位数为 2
pi = 3.142


print('%010.3f' % pi)      # 用 0 替代默认的空格


print('%-10.3f' % pi)      # 左对齐


print('%+f' % pi)          # 显示正号
```

3.2 format() 函数格式化输出

3.2.1 format 位置映射

图 3.2.1

```
print("{}:{}".format('3.1415',926))
```

在上述案例中，1 号位置的大括号与数值 3.1415 属于映射关系；2 号位置的大括号与数值 926 属于映射关系。两个括号之间的冒号是字符串之间的分隔符。这样就组成了一个完整的字符串格式化。

在 PyCharm 中的运行结果，如图 3.2.2 所示。

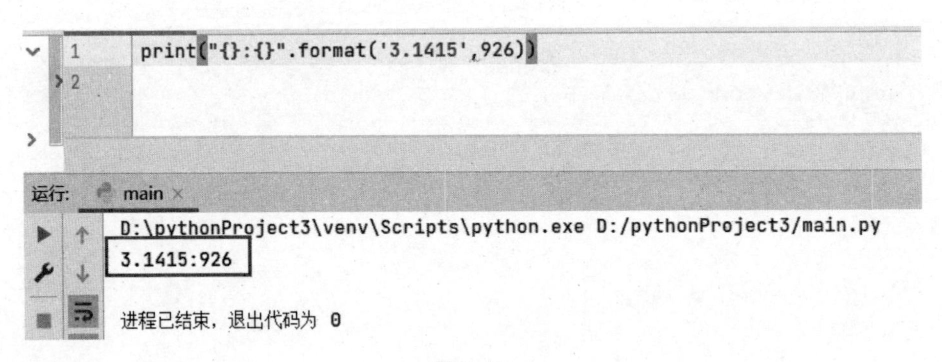

图 3.2.2

3.2.2 format 关键字映射

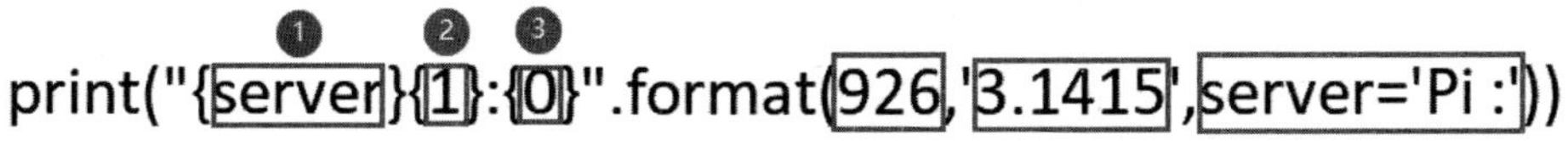

❶ ❷ ❸

print("{server}{1}:{0}".format(926,'3.1415',server='Pi :'))

图 3.2.3

```
print("{server}{1}:{0}".format(926,'3.1415',server='Pi :'))
```

在 PyCharm 中的运行结果，如图 3.2.4 所示。

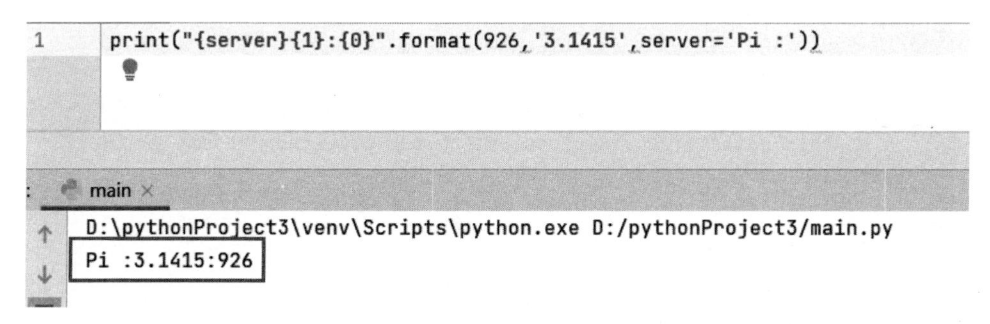

图 3.2.4

上述案例中，1 号位置的“server”与“sever=Pi”属于关键字的映射关系；2 号位置与 3 号位置的“1”与“0”是元组，{ 1 } 和 { 0 } 是元组的索引值，这里也注明了输出的位置方向。

3.2.3 填充对齐

在填充对齐中，“^”是居中对齐，“<”是左对齐，“>”是右对齐。

```
print("{0}+{1}={2:>2}".format(1, 2, 1 + 2))
        ①   ②   ③④
```

图 3.2.5

```
print("{0}+{1}={2:>2}".format(1, 2, 1 + 2))  #1+2=3
```

上述案例中，位置 1、2、3 是索引映射，对应的是后面的 1、2、1+2。其中位置 4 的“:>2”的含义是将结果右对齐两个单位。

在 PyCharm 中的运行结果，如图 3.2.6 所示。

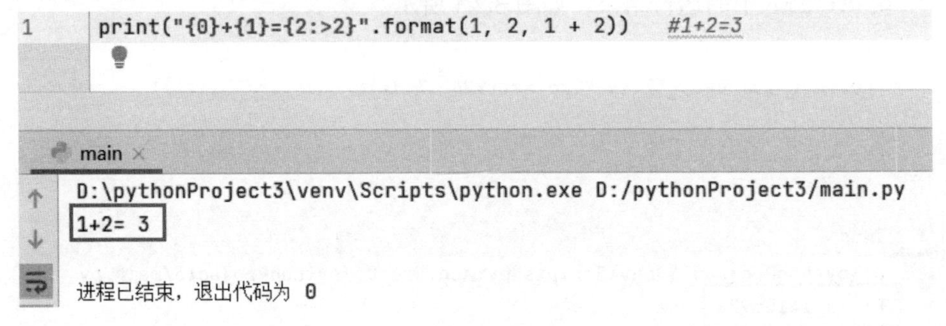

图 3.2.6

3.3 读和写文件

读和写文件 open() 的基本用法如下：

```
open(filename, mode)
```

filename 是字符串的值。

mode 是打开的模式。

表 3-3　打开模式 mode 的参数

r	指针会放在文件的开头部分，以默认模式打开的只读文件
rb	指针会放在文件的开头部分，以二进制格式打开的只读文件
r+	指针会放在文件的开头部分，打开文件进行读写操作
rb+	指针会放在文件的开头部分，以二进制格式打开的读写文件
w	以写入的方式打开一个文件，如果文件存在则从头编辑，如果不存在则用于新建
wb	以写入的方式开打一个二进制格式的文件，如果文件存在则从头开始编辑，如果不存在则用于新建
w+	以读写的方式打开一个文件，如果文件存在则从头编辑，如果不存在则用于新建
wb+	以读写的方式打开一个二进制格式的文件，如果文件存在则从头开始编辑，如果不存在则用于新建
a	以追加的方式打开一个文件，如果文件存在则在文件的尾部进行追加输入，如果文件不存在则用于新建
ab	以二进制的格式打开一个文件，如果文件存在则在文件的尾部进行追加输入，如果文件不存在则用于新建
a+	以读写的模式追加一个文件，如果文件存在则在文件的尾部进行追加输入，如果文件不存在则用于新建
ab+	以二进制的格式追加一个文件，如果文件存在则在文件的尾部进行追加输入，如果文件不存在则用于新建

3.4 str() 函数与 repr() 函数

str() 函数与 repr() 函数在很多时候是相同的，除了字符串类型以外——字符串类型会在外层多一层引导，这种特性在 eval() 操作的时候会有显著的效果。另外一个区别是，当需要直接用对象进行输出调用时用 repr()，print () 输出调用时用 str()。

简单来说，str() 函数与 repr() 函数的区别在于：

str() 函数：将值转化为适宜人阅读的字符串的形式，是面向用户的。

repr() 函数：将值转化为供解释器读取的字符串形式，是面向程序员的。

下面我们分别来看一下这两种函数的用法和特点。

str() 的语法为：

```
str.strip([character]);
```

其中，strip 是用来删除字符串头部以及尾部的指定字符或者字符序列，因为这些序列一般是不起作用的空格或者废旧字符。用这种方法可以达到美化字符串方便阅读的作用；character 是需要美化的字符串，在其中间部分的字符串会保留。

```
str = "+-*/Python 3 +-/*"
print(str.strip('*、+、-、/')) # 指定字符串 +-*/
```

输出结果如下：

```
Python 3
```

在 PyCharm 中的运行结果，如图 3.4.1 所示。

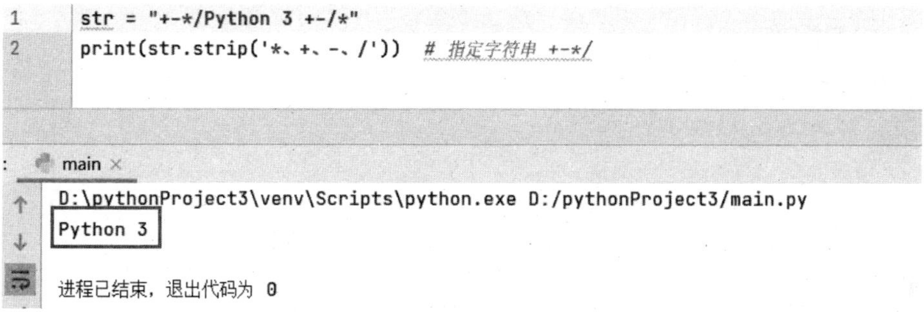

```
1  str = "+-*/Python 3 +-/*"
2  print(str.strip('*、+、-、/'))  # 指定字符串 +-*/
```

```
main ×
D:\pythonProject3\venv\Scripts\python.exe D:/pythonProject3/main.py
Python 3

进程已结束，退出代码为 0
```

图 3.4.1

我们可以看到，Strip() 函数删除了除中间“Python 3”以外的头尾指定的字符“+-*/”，最后的输出结果就是我们要的“Python 3”。

repr() 函数与 str() 函数的用法大致相同。我们看下面的案例：

```
list = 3.1415926
type(str(list))
type(repr(list))
print(repr(list))
print(str(list))
```

以上程序运行的结果为：

```
3.1415926
3.1415926
```

在 PyCharm 中的运行结果，如图 3.4.2 所示。

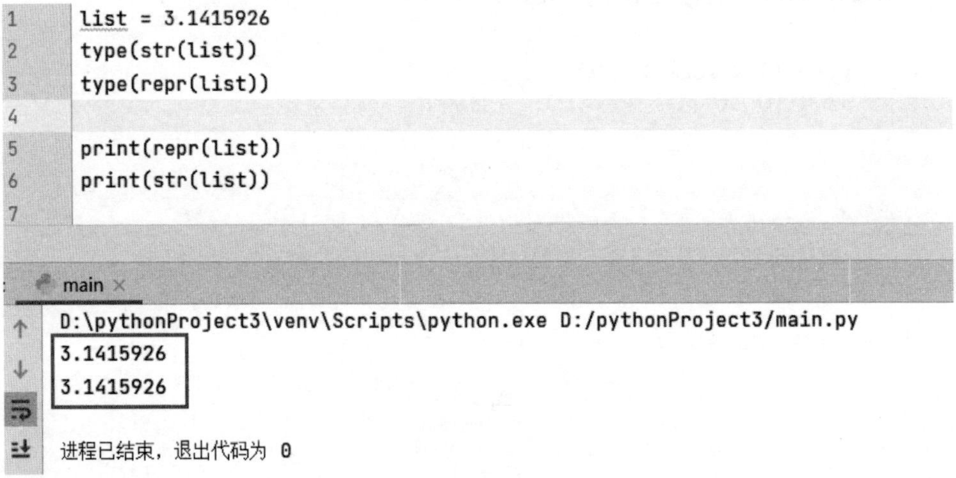

```
1  list = 3.1415926
2  type(str(list))
3  type(repr(list))
4
5  print(repr(list))
6  print(str(list))
7
```

```
main ×
D:\pythonProject3\venv\Scripts\python.exe D:/pythonProject3/main.py
3.1415926
3.1415926

进程已结束，退出代码为 0
```

图 3.4.2

从这里我们可以看出，两者的结果是没有区别的。但是当我们将字符串传给 str() 函数再打印到终端时，输出的字符不带引号；但我们将字符串传给 repr() 函数再打印到终端的时候，输出的字符是带有引号的。

```
print('3.1415926'.__repr__())
print('3.1415926'.__str__())
```

输出结果如下：

```
'3.1415926'
3.1415926
```

在 PyCharm 中的运行结果，如图 3.4.2 所示。

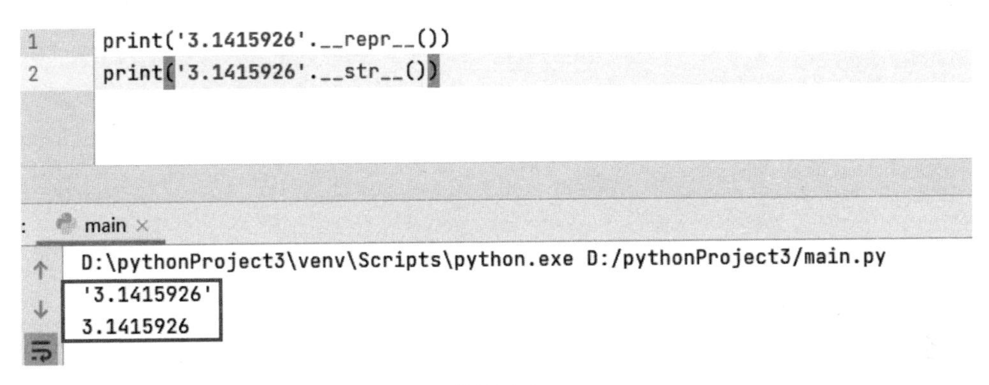

图 3.4.3

从以上的结果可以看出，当 repr() 作用时，会在字符串外多加一层引号，而在 eval() 执行时会将带引号的字符串的引号去掉，因为这个字符串会被当作变量来处理。如果没有这层引号，那么就无法执行 eval()，会生成错误的文件。

3.5 input() 函数

Python 提供的读入函数为 input() 函数，在执行函数时会读入一行文本。

input() 函数和 raw input() 函数都可以接受字符串，区别在于 raw input() 函数可以接受所有类型的输入方式；input() 函数默认接受的是 str() 类型，如果只是输入字符串的话必须要将字符串用引号标记。

例如：

```
str = input("Python 读入 ");    # 读入的内容
print ( str)
```

第四章

函　数

在 Python 中，函数是可以被重复使用的，并且 Python 拥有很多内建的函数，包括 print () 函数等。除了内建函数的部分，我们也可以自由创建函数，也就是我们常说的自定义函数。

4.1　定义函数

Python 中定义一个函数是要使用 def 关键词来声明函数的，常用的格式为：

def 后接函数标识符名称再加上括号“()”。

例如：

```
1  def func_name(args):
2  function
3  return ...
```

这里我们需要注意以下几个地方。

首先，函数名结尾必须加上冒号。

其次，函数代码部分必须以 def 关键词开头，任何传入的参数必须放在括号内。

再次，由 return 指定函数返回值，也就是结束函数。如果不指定的话，相当于在函数结尾默认加上 return None。

最后，如果 function 的部分只有一行，那么整段函数可以简化和 def 同行。

4.2 语法

从上述案例中我们可以得出 Python 的语法为：

```
1 def 函数名（参数列表）:
2     函数体
```

下面，我们用 Python 的语法来实现经常会看到的一段代码“hello world”：

```
1 #!/usr/bin/python3

2 def hello() :
  print("Hello World!")

3 hello()
```

4.3 函数调用

函数调用之前，我们需要定义函数，包括其名称、参数等数据。当这个函数的基本结构完成以后，我们可以使用另外一个函数来调用这个函数执行。

例如：

```
# 定义函数
def printme( str ):
  # 打印字符串
  print (str)
  return

# 调用函数
printme(" 调用这个函数 !")
```

在 PyCharm 中的运行结果，如图 4.3.1 所示。

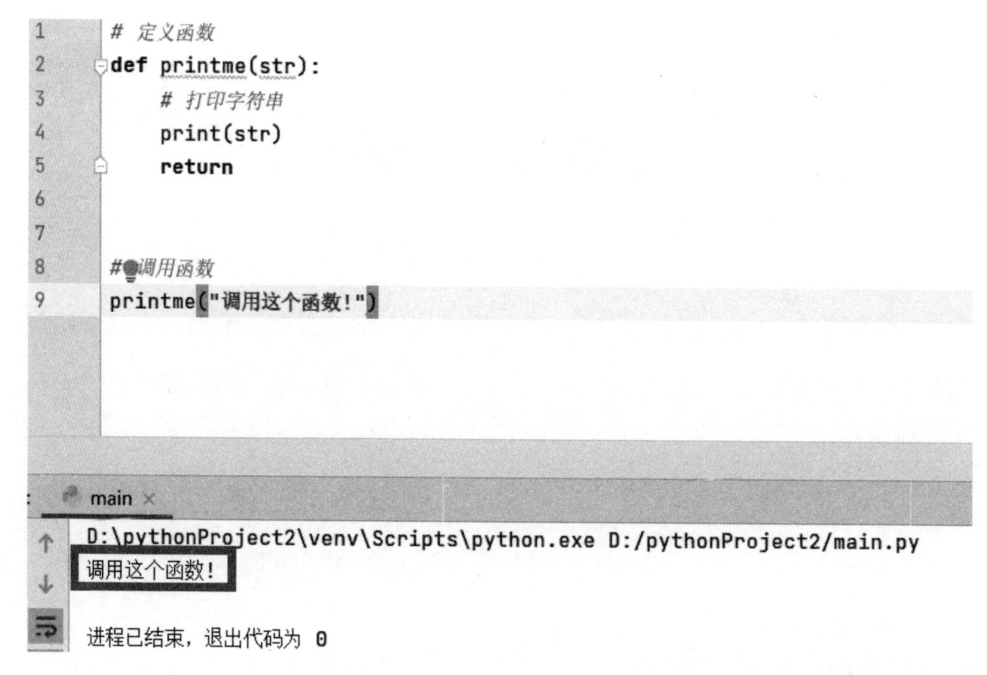

图 4.3.1

4.4 参数

在 Python 中，可调用的参数分为必须参数、关键词参数、默认参数和不定长参数。下面，我们分别看一下这几种参数的区别。

4.4.1 必须参数

必须参数是以正确的顺序被调用到函数中，调用时的数量必须与声明时的一模一样。在调用 printme() 函数时必须传入参数，不然会出现错误提示。

```
1 #参数说明
2 def printme( str ):
3    " 调用参数 "
4    print (str)
5    return
6
7
8  # 调用 printme 函数
9  printme()
```

输出结果如下：

```
Traceback (most recent call last):
  File "D:\pythonProject2\main.py", line 9, in <module>
    printme()
TypeError: printme() missing 1 required positional argument: 'str'
```

在 PyCharm 中的运行结果，如图 4.4.1 所示。

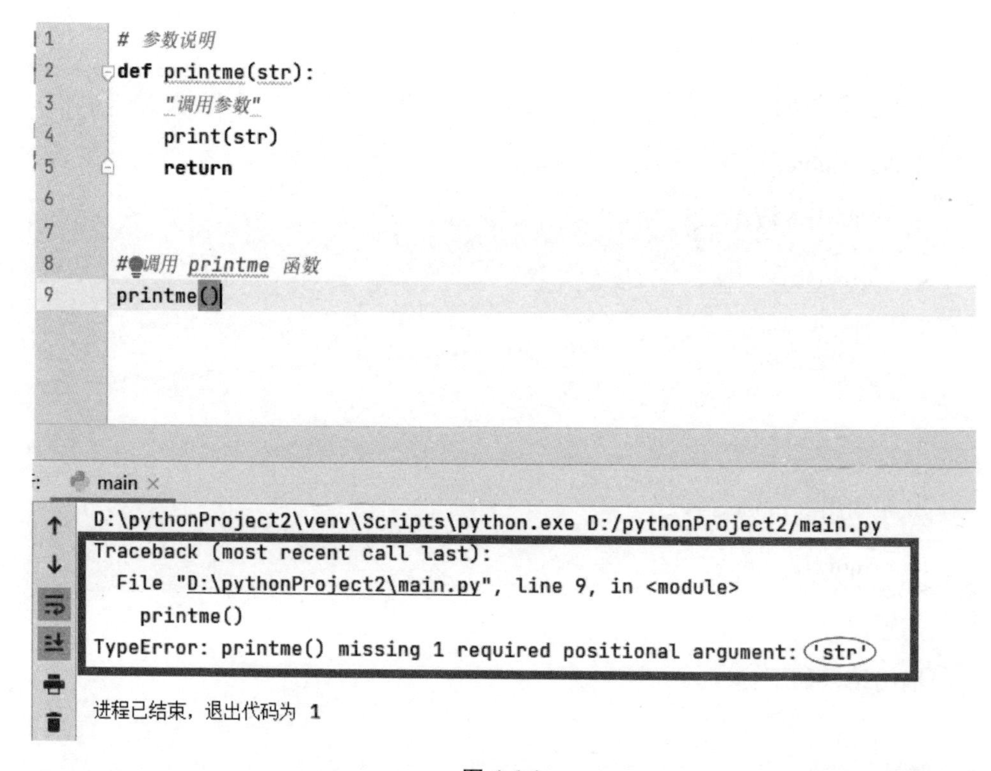

图 4.4.1

4.4.2 关键词参数

函数的调用需要使用关键词参数来确定调用的参数值。和必须参数不一样的是，关键词参数在调用过程中的顺序可以与声明时不一致，因为 Python 的解释器可以使用参数名匹配参数值。

```
1 # 函数说明
2 def printme(str):
3    " 函数调用 "
4    print(str)
```

```
5     return
6
7
8 # 调用 printme 函数
9 printme(str=" 玩转 Python")
```

在 PyCharm 中的运行结果，如图 4.4.2 所示。

图 4.4.2

4.4.3 默认参数

在调用参数时有一种情况就是没有实际的参数被调用，这时会使用默认的参数进行传递。

```
1 # 函数说明
2 def printinfo( name, age = 20 ):
3    " 默认参数 "
4    print (" 名字 : ", name)
5    print (" 年龄 : ", age)
6    return
7
8
9  # 调用 printinfo 函数
9  printinfo( age=30, name="Jack" )
10  printinfo( name="Jack" )
```

输出结果如下：

```
名字 : Jack
年龄 : 30
名字 : Jack
年龄 : 20
```

在 PyCharm 中的运行结果，如图 4.4.3 所示。

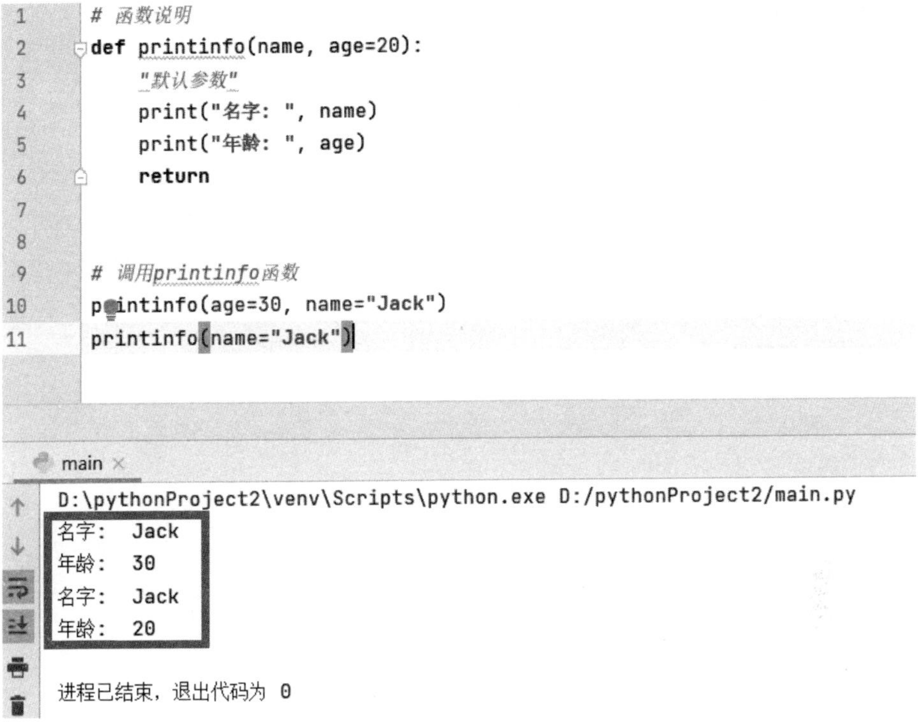

```
1  # 函数说明
2  def printinfo(name, age=20):
3      "默认参数"
4      print("名字: ", name)
5      print("年龄: ", age)
6      return
7
8
9  # 调用printinfo函数
10 printinfo(age=30, name="Jack")
11 printinfo(name="Jack")
```

```
main ×
D:\pythonProject2\venv\Scripts\python.exe D:/pythonProject2/main.py
名字:  Jack
年龄:  30
名字:  Jack
年龄:  20

进程已结束，退出代码为 0
```

图 4.4.3

4.4.4　不定长参数

在我们使用参数调用时，可能需要的函数比定义声明时更多，这种参数被称为不定长参数。

```
1 # 函数说明
2 def printinfo(arg1, *vartuple):
3     " 不定长参数 "
4     print(" 输出 : ")
5     print(arg1)
```

```
6     print(vartuple)
7
8
9  # 调用 printinfo 函数
10 printinfo(10, 20, 30)
```

输出结果如下：

```
输出：
10
(20, 30)
```

在 PyCharm 中的运行结果，如图 4.4.4 所示。

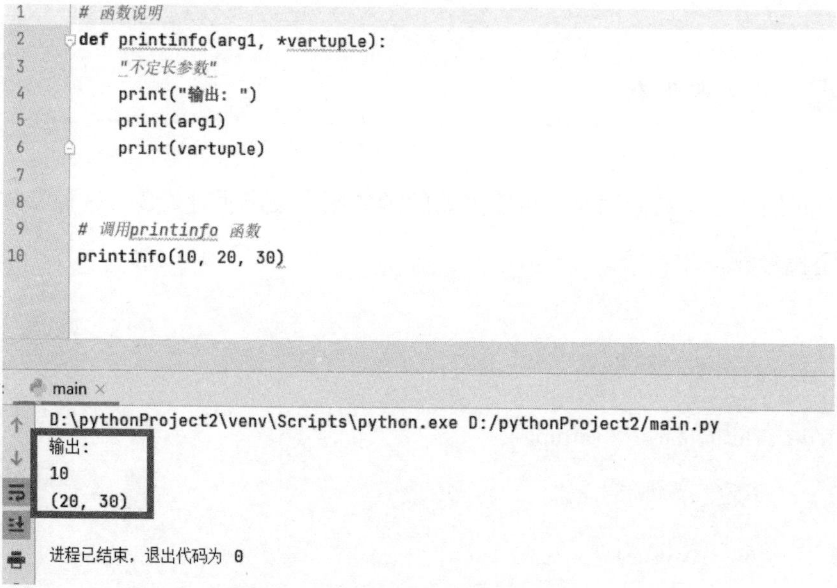

```
1   # 函数说明
2   def printinfo(arg1, *vartuple):
3       "不定长参数"
4       print("输出: ")
5       print(arg1)
6       print(vartuple)
7
8
9   # 调用printinfo 函数
10  printinfo(10, 20, 30)
```

```
main ×
D:\pythonProject2\venv\Scripts\python.exe D:/pythonProject2/main.py
输出:
10
(20, 30)

进程已结束，退出代码为 0
```

图 4.4.4

4.5 匿名函数

匿名函数中的匿名是针对 def 语句来定义的。当我们不使用 def 语句时，可以用 lambda 来创建匿名函数。这里需要注意的是：

首先，lambda 比 def 语句简单。

其次，Lambda 只是一个表达式，只能包含有限的逻辑语句。

最后，Lambda 在调用函数时并不占用内存。

Lambda 的语法为：

```
lambda [arg1 [,arg2,.....argn]]
```

例如：

```
# 函数说明
sum = lambda arg1, arg2: arg1 + arg2

# 调用 sum 函数
print(" 算 1 结果为 : ", sum(1, 2))
print(" 算 2 结果为 : ", sum(2, 2))
```

输出结果如下：

```
算 1 结果为：3
算 2 结果为：4
```

在 PyCharm 中的运行结果，如图 4.5.1 所示。

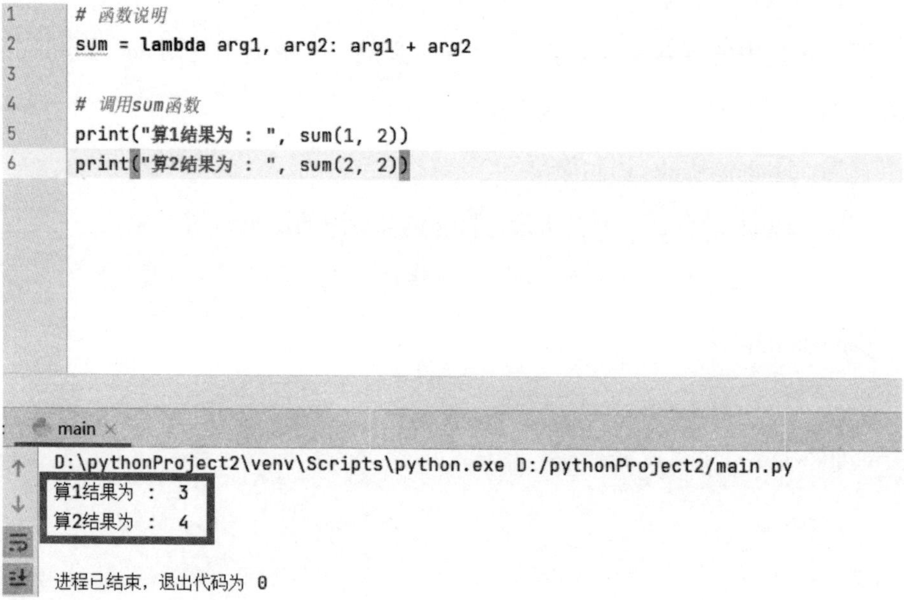

```
1  # 函数说明
2  sum = lambda arg1, arg2: arg1 + arg2
3
4  # 调用sum函数
5  print("算1结果为 : ", sum(1, 2))
6  print("算2结果为 : ", sum(2, 2))
```

```
main ×
D:\pythonProject2\venv\Scripts\python.exe D:/pythonProject2/main.py
算1结果为 :  3
算2结果为 :  4

进程已结束，退出代码为 0
```

图 4.5.1

4.6 return 语句

return 语句是退出函数。在使用时，一般会选择性返回一个目标表达式，返回的目标可以由我们来指定。

当出现不带参数或者默认返回值时，return 返回值为 None。

```
def sum(arga, argb):


    total = arga + argb
    print(" 内为 : ", total)
    return total


total = sum(1, 2)
print(" 外为 : ", total)
```

输出结果如下：

```
内为：3
外为：3
```

在 PyCharm 中的运行结果，如图 4.6.1 所示。

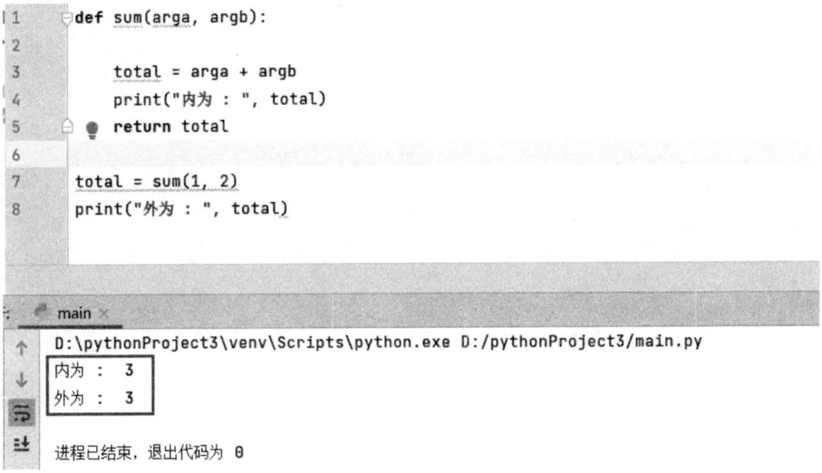

```
1  def sum(arga, argb):
2
3      total = arga + argb
4      print("内为 : ", total)
5      return total
6
7  total = sum(1, 2)
8  print("外为 : ", total)

main ×
D:\pythonProject3\venv\Scripts\python.exe D:/pythonProject3/main.py
内为 :  3
外为 :  3

进程已结束，退出代码为 0
```

图 4.6.1

第五章

基本数据类型

在 Python 中，变量是不需要声明的，但是每个变量在使用前必须赋值，因为被赋值的变量才可以被创建和使用。

与此同时，在 Python 中，变量是没有类型的，我们常看到的变量类型其实是变量所指的内存中对象的类型。

赋值的工具就是等号“=”，在等号左边是变量的名称，右边是储存在变量中的值。

```
1 age = 30            # 整型变量
2 weight  = 80.2      # 浮点型变量
3 name   = "jack"     # 字符串
4
5 print (age)
6 print (weight)
7 print (name)
```

运行的结果为：

```
30
```

```
80.2
Jack
```

在 PyCharm 中的运行结果，如图 5.1.1 所示。

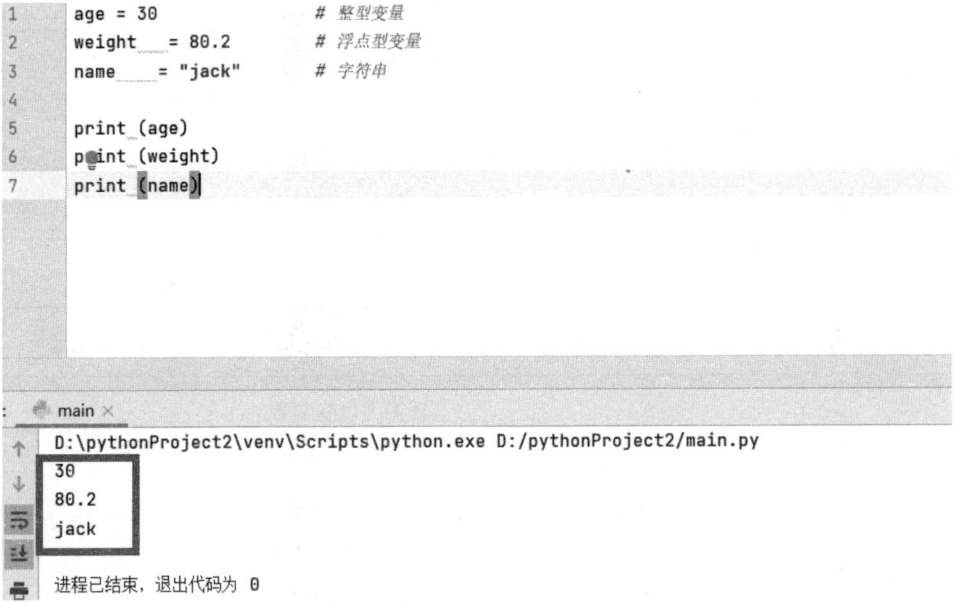

```
1  age = 30              # 整型变量
2  weight  = 80.2        # 浮点型变量
3  name   = "jack"       # 字符串
4
5  print (age)
6  print (weight)
7  print (name)
```

```
main ×
D:\pythonProject2\venv\Scripts\python.exe D:/pythonProject2/main.py
30
80.2
jack

进程已结束，退出代码为 0
```

图 5.1.1

输出结果表明：年龄 30、体重 80.2、姓名为 jack。

数据类型之间也可以互相转换，如表 5-1 所示。

表 5-1　数据类型转换表

int(x [,base])	转换为整数
float(x)	转换为浮点数
repr(x)	转换为表达式字符串

续表

str(x)	转换为字符串
dict(d)	创建字典
frozenset(s)	转换为不可变复数
chr(x)	转换为字符
complex(real [,imag])	创建复数
tuple(s)	转换为数组
list(s)	转换为列表
eval(str)	用来计算在字符串中的有效 Python 表达式，并返回一个对象
set(s)	转换为可变复数
ord(x)	转换为它的整数值
hex(x)	转换为十六进制
oct(x)	转换为八进制

细分来说，Python 中有 6 个标准的数据类型，分别为 Number（数字）、String（字符串）、List（列表）、Tuple（元组）、Set（集合）、Dictionary（字典）。这 6 种数据类型又可以分为两个部分。

可变数据：List（列表）、Dictionary（字典）、Set（集合）。

不可变数据：Number（数字）、String（字符串）、Tuple（元组）。

下面我们分别解释一下这 6 种数据类型的作用。

5.1 数字（Number）

我们知道，在 Python3.0 以上的版本中，只有一种整数类型 int（长整型），缺少的是之前版本中的 Long 整型。

Python3.0 中支持的数字类型包括 int、float、bool、complex。内置的 type() 函数可以用来查询变量所指的对象类型。

下面是这几种数字类型的举例：

表 5-2　不同的数字类型

int 类型	float 类型	complex 类型
10	0.0	1.23a
-10	-32.1	1.a
0X10	32.6e-5	32.6e-2j
-0X10	70.2E+3	70.2E+3j

当然，除了以上的数字类型，Python 还可以使用复数类型。

5.2 字符串（String）

利用单引号（‘’）或双引号（“”）引起来，并且可以用反斜杠“\”转义特殊字符的被称为字符串。

例如：

```
str = 'stop'
```

Python 使用反斜杠“\”转义特殊字符，可以在字符串前面添加“r”表示原始字符串停止转义。

例如：

```
>>> print('st/op')
St
Op
>>> print(r'st/op')
St/op
>>>
```

这里值得注意的是：

首先，“/”可以让字符串转义，“r”可以让这种转义失效。

其次，Python 中的字符串分为两种索引的方式，而且这两种方式是有方向的：

从左到右的索引方式是从 0 开始的；相反，从右到左的索引方式是从 -1 开始的。

最后，Python 中的字符串不能进行任何改变。

5.3 列表（List）

List 可以说是 Python 中最复杂的也是经常使用的数据类型。因为列表需要具象化所有的数据文件，将这些元素按照我们所需要呈现的方式排列出来。列表的呈现方式是用逗号“,”将元素列表分割，并且要在方括号“[]”之内完成。

同字符串的索引方式相同，方向也相同，从左到右是从 0 开始，从右到左是从 -1 开始。

加号“+”是列表连接运算符，星号“*”是重复操作。

例如：

```
Flist = [20, 'study',-50.2]
Slist = [-123456, 'abc',987 ]


print (Flist)          # 输出完整列表
print (Flist[0])        # 输出列表第一个元素
print (Flist[1:3])       # 从第二个开始输出到第三个元素
print (Flist[2:])       # 输出从第三个元素开始的所有元素
print (Slist * 2)       # 重复输出两次列表
print (list + Slist)      # 连接 list 和 Slist 两个列表
```

输出结果如下：

```
[20, 'study', -50.2]

20

['study', -50.2]

[-50.2]

[-123456, 'abc', 987, -123456, 'abc', 987]
```

在 PyCharm 中的运行的结果，如图 5.3.1 所示。

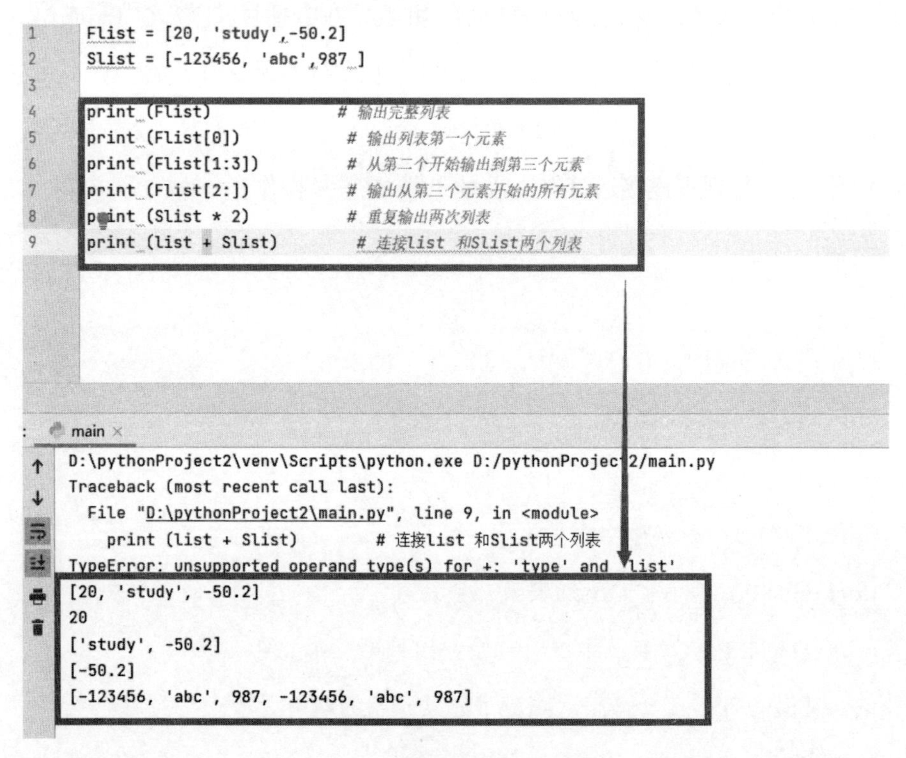

图 5.3.1

这里需要注意的是，列表中的元素是可以更改的。列表的这种可以随意更换元素的特性是与字符串不同的。

5.4 集合（Set）

集合的作用重在调整，即处理各元素之间的关系和对重复元素的删除。

简单来说，诸多的元素组成一个整体，也可以称为一个集合。多个整体的组合也被称为一个集合。

集合可以用大括号“{ }”或者 set() 函数创建。但是这里需要注意的是，一个空集合就必须使用 set() 函数了。

呈现的方式如下：

```
parame = {study1,study2}
set(study)
```

集合之间各成员的关系我们可以用“差集 -”“并集 |”“交集 &”“不同时存在元素 ^”表示。

我们来看下面的实例 1：

```
sites = {'one', 'two', 'three', 'four'}
print(sites)              # 输出集合，重复的元素被自动去掉
# 成员测试
if 'two' in sites :            # 如果存在
    print('two 在集合中 ')
else :                    # 如果不存在
```

```
    print('two 不在集合中 ')
```

集合之间成员关系的调用：

```
a = set('adasdbcdef')        # set 集合运算
b = set('adafgsgda')


print(a)


print(a - b)             # a 和 b 的差集


print(a | b)            # a 和 b 的并集


print(a & b)            # a 和 b 的交集


print(a ^ b)           # a 和 b 中不同时存在的元素
```

输出结果如下：

```
{'f', 'c', 'b', 'a', 'e', 'd', 's'}
{'b', 'c', 'e'}
{'f', 'b', 'c', 'a', 'g', 'e', 'd', 's'}
{'a', 'd', 's', 'f'}
{'b', 'g', 'e', 'c'}
```

在 PyCharm 中的运行结果，如图 5.4.1 所示。

```
1   a = set('adasdbcdef')          # set集合运算
2   b = set('adafgsgda')
3
4   print(a)
5
6   print(a - b)                   # a 和 b 的差集
7
8   print(a | b)                  # a 和 b 的并集
9
10  print(a & b)                 # a 和 b 的交集
11
12  print(a ^ b)                 # a 和 b 中不同时存在的元素
```

```
main
D:\pythonProject2\venv\Scripts\python.exe D:/pythonProject2/main.py
{'f', 'c', 'b', 'a', 'e', 'd', 's'}
{'b', 'c', 'e'}
{'f', 'b', 'c', 'a', 'g', 'e', 'd', 's'}
{'a', 'd', 's', 'f'}
{'b', 'g', 'e', 'c'}

进程已结束，退出代码为 0
```

图 5.4.1

5.5　元组（Tuple）

元组的元素不能修改，而且元组必须写在小括号里面，中间用逗号隔开。

元组中的元素类型也可以不相同，在编辑的时候我们可以通过不同的输出方式来选定需要输出的元组元素方式，并且可以将两个元组相连。

创建两个元组，并对这两个元组进行必要的操作如下：

```
tuple = ( 'abc', -2 , 3.1415, '70.2'  )
```

```
setuple = (456, 'abb')
```

在 PyCharm 中的运行结果，如图 5.5.1 所示。

```
1  tuple = ( 'abc', -2 , 3.1415, '70.2' )
2  setuple = (456, 'abb')
3
4  print (tuple)              # 数组所有元素
5  print (tuple[0])           # 第一个元素
6  print (tuple[1:2])         # 第二个和第三个元素
7  print (tuple[2:])          # 从第三个数组开始输入到最后一个
8  print (setuple * 2)     # 输入tinytuple数组两次
9  print (tuple + setuple) # 连接两个数组
```

```
main ×
D:\pythonProject3\venv\Scripts\python.exe D:/pythonProject3/main.py
('abc', -2, 3.1415, '70.2')
abc
(-2,)
(3.1415, '70.2')
(456, 'abb', 456, 'abb')
('abc', -2, 3.1415, '70.2', 456, 'abb')
```

图 5.5.1

使用元组时需要注意的是，元组的元素是不可以修改的；元组之间可以通过“+”号连接。

5.6 字典（Dictionary）

字典是 Python 的内置数据类型。如果与列表进行对比：列表是有序的集合，字典是无序的集合。

字典的标识符是“{ }”，是一种映射类型。这里值得注意的是，在同一个字典当中,（key）键必须是唯一，如图 5.6.1 所示。

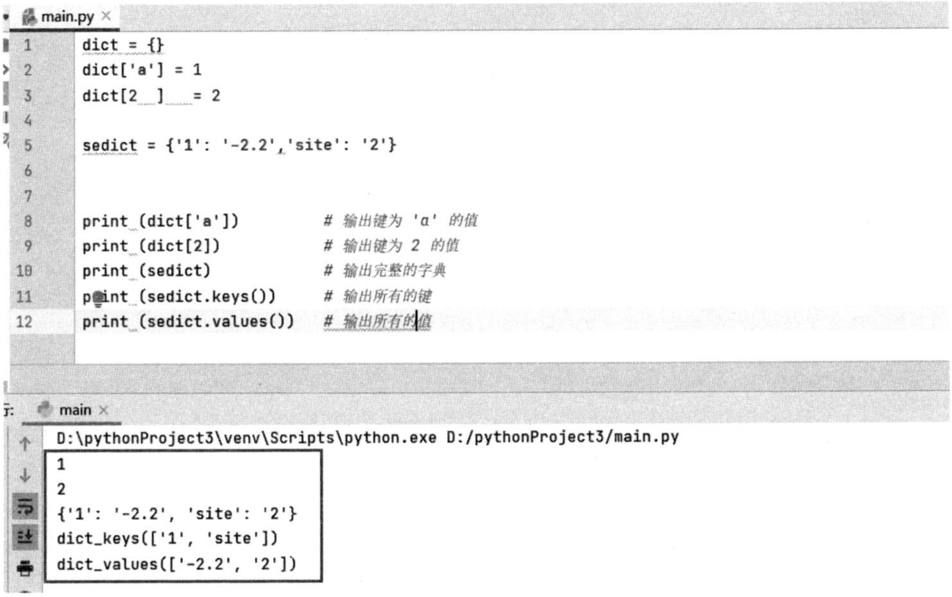

```
dict = {}
dict['a'] = 1
dict[2 ] = 2

sedict = {'1': '-2.2','site': '2'}


print (dict['a'])         # 输出键为 'a' 的值
print (dict[2])           # 输出键为 2 的值
print (sedict)            # 输出完整的字典
print (sedict.keys())     # 输出所有的键
print (sedict.values())   # 输出所有的值
```

```
D:\pythonProject3\venv\Scripts\python.exe D:/pythonProject3/main.py
1
2
{'1': '-2.2', 'site': '2'}
dict_keys(['1', 'site'])
dict_values(['-2.2', '2'])
```

图 5.6.1

以上案例可以看出，在自定义字典 sedict 列表中，唯一的 key 键只有 1 和 site。所以在输出 print（sedict.Keys（））时，结果为 1 和 site。

第六章

字符串

Python 中最常见的数据类型是字符串，创建字符串是用单引号（‘’）或者双引号（“”）完成，如‘Python’或“Python”。

在 Python 中是不支持单字符类型的。单字符只能以一个字符串的形式出现。

6.1 字符串的方向性

在 Python 中，字符串的索引值是有顺序和方向的，如图 6.1.1 所示。

从后面索引：	-6	-5	-4	-3	-2	-1
从前面索引：	0	1	2	3	4	5
	P	y	t	h	o	n

图 6.1.1

在输出时，可以选择字符串的位置、范围。

```
L1 = 'Hello Python!'
print(L1[-2])    # 从最后的字符向前数第二位
print(L1[1:4])   # 从左开始第二位到第四位
print(L1[:4])    # 从左开始的前四位
```

输出结果如下：

```
n
ell
Hell
```

在 PyCharm 中的运行结果，如图 6.1.2 所示。

```
1  L1 = 'Hello Python!'
2
3  print(L1[-2])      #从最后的字符向前的数第二位
4  print(L1[1:4])     #从左开始第二位到第四位
5  print(L1[:4])      #从左开始的前四位

main ×
D:\pythonProject3\venv\Scripts\python.exe D:/pythonProject3/main.py
n
ell
Hell

进程已结束，退出代码为 0
```

图 6.1.2

6.2 字符串更新

在 Python 中，字符串也是可以进行拼接、替换的。

在更新时，替换的部分在字符串后面用“+”号连接，原字符串的保留部分可以进行设置。

```
L1 = 'Hello Python!'


print (L1[:6] + 'World!')  # 替换字符串 保留前 6 位
print (L1[1:6] + 'World!') # 替换字符串 保留第 2 到 6 位
print (L1[0] + 'World!')   # 替换字符串  只保留第一位
```

输出结果如下：

```
Hello World!
ello World!
HWorld!
```

在 PyCharm 中的运行结果，如图 6.2.1 所示。

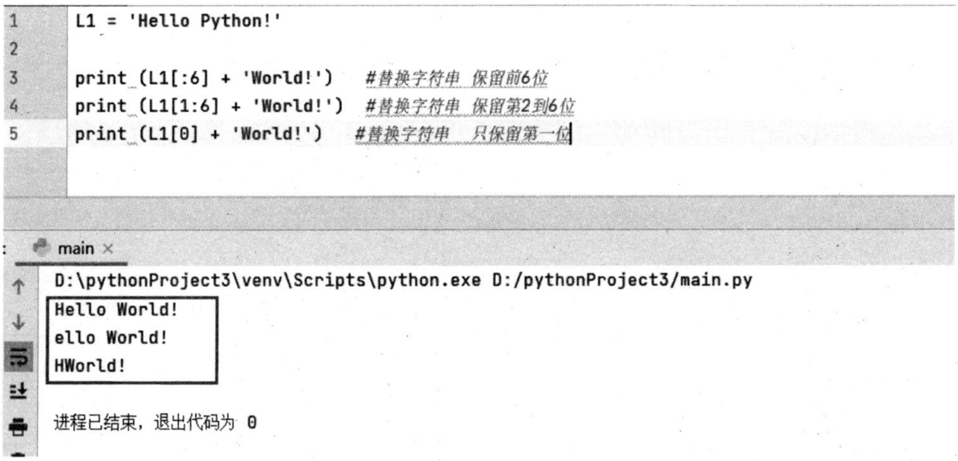

```
1  L1 = 'Hello Python!'
2
3  print (L1[:6] + 'World!')    #替换字符串 保留前6位
4  print (L1[1:6] + 'World!')  #替换字符串 保留第2到6位
5  print (L1[0] + 'World!')   #替换字符串  只保留第一位
```

```
main ×
D:\pythonProject3\venv\Scripts\python.exe D:/pythonProject3/main.py
Hello World!
ello World!
HWorld!

进程已结束，退出代码为 0
```

图 6.2.1

6.3　Python 的转义字符

Python 和其他语言一样，当需要进行特殊字符时都可以使用转义字符。

表 6-1　转义字符

\	续航符，出现在行尾
\\	反斜杠
\'	单引号
\"	双引号
\a	声音，运行时会出现声音
\b	退格
\000	空行
\n	换行

续表

\v	纵向制表
\t	横向制表
\r	回车
\f	换页
\yyy	八进制，y 代表 0 到 7 的字符
\xyy	十六进制，以 \x 开头，y 代表字符
\other	其他格式以普通字符输出

我们用一些案例来说明一下上面一些字符的使用方式。

6.3.1 续航符“\”

在本行使用续航符以后，表示下一行的内容是本行逻辑概念的延续，表达式和概念可以合并进行处理。

```
print("L1 \
L2 \
L3")
```

输出结果如下：

```
L1 L2 L3
```

在 PyCharm 中的运行结果，如图 6.3.1 所示。

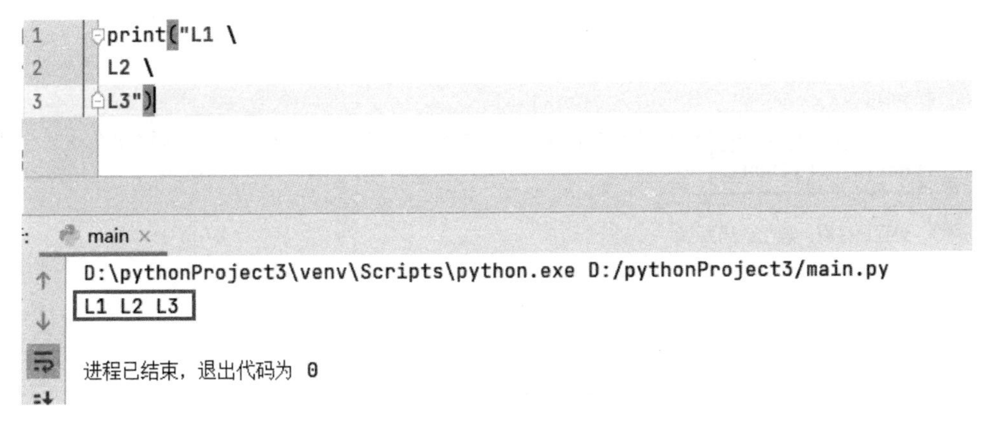

图 6.3.1

6.3.2 退格符 \b”

退格符就像我们键盘当中的“退格键”的使用，在退格符前的元素会被删除。

```
print("Hello My\b Python!")
```

输出结果如下：

```
Hello M Python
```

在 PyCharm 中的运行结果，如图 6.3.2 所示。

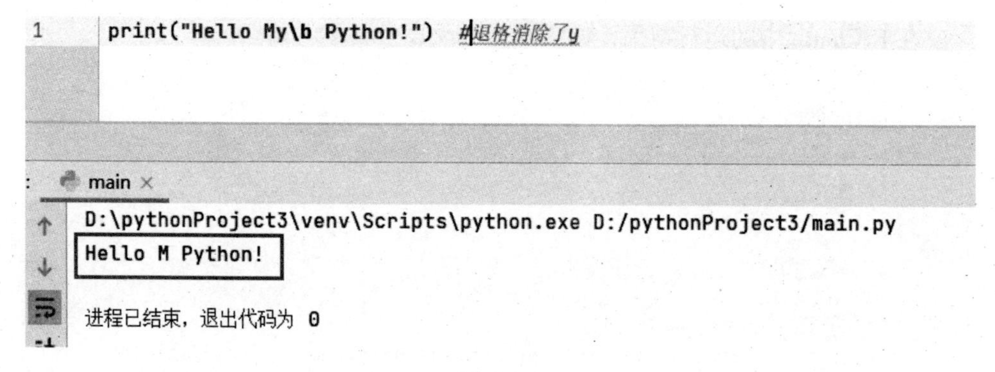

图 6.3.2

从中我们可以看到，使用退格符将“My”中的“y”删除了。

6.3.3 换行符 \n”

换行符就像我们键盘当中的“回车键”，直接在选定区域进行换行的操作。

```
print("Py \n thon")
```

输出结果如下：

```
Py
 Thon
```

在 PyCharm 中的运行结果，如图 6.3.3 所示。

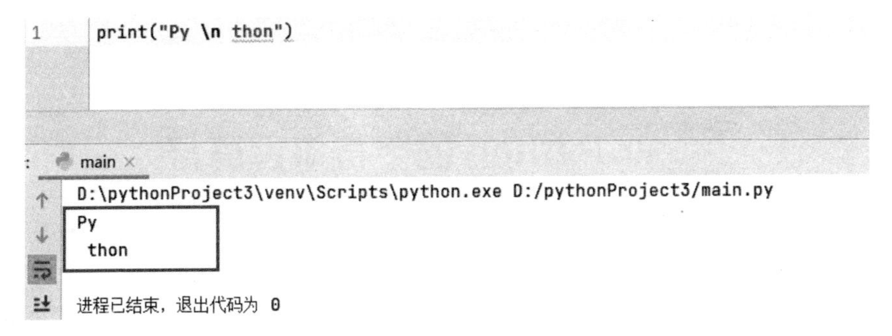

图 6.3.3

6.3.4 空行“\000”

空行在程序运行中有时需要对代码做一些空值运算。

```
print("Py\000thon")
```

输出结果如下：

```
Python
```

在 PyCharm 中的运行结果，如图 6.3.4 所示。

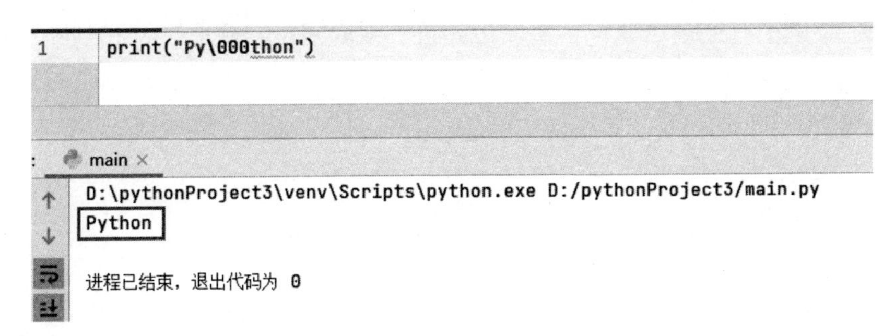

图 6.3.4

6.4 Python 的字符串运算符

在 Python 中，字符串之间也是可以直接进行运算调整的。我们可以将不同的字符串进行连接、索取、重复等操作。

表 6-2　运算符

+	连接两个字符串
*	重复字符串
[]	通过索引获取字符串中的字符
[:]	截取字符串中的一段，遵循左闭右开的原则，str[0:2] 中不包含第三个字符
in	成员运算符，如果包含给定的字符则为真
not in	成员运算符，如果不包含给定的字符则为真
r/R	原始字符串，所有字符串是按照原始含义使用
%	格式字符串

下面，我们可以通过一些案例深入了解一下运算符的使用。

以下案例中有连接运算符、重复运算符、索取字符、截取字符和判断字符的应用。

```
L1 = "Hello"
L2 = "Python"
```

```
print("L1 + L2= : ", L1 + L2)     # 连接运算符
print("L1 * L2= : ", L1 * 2)     # 重复运算符
print("L1[1] =: ", L1[1])     # 通过索引获得第 2 个字符
print("L1[0:4]=: ", L1[0:4])     # 截取第 1 到 4 位的字符区间

if ("O" in L1):               # 判断字符
  print("O 在 L1 中 ")
else:
  print("O 不在 L1 中 ")

if ("H" not in L2):               # 判断字符
  print("H 不在 L1 中 ")
else:
  print("H 在 L1 中 ")

print(r'\n')               # 原始字符
print(R'\n')
```

输出结果如下：

```
L1 + L2= : HelloPython
L1 * L2= : HelloHello
L1[1] =: e
L1[0:4]=: Hell
O 不在 L1 中
```

```
H 不在 L1 中
\n
\n
```

在 PyCharm 中的运行结果，如图 6.4.1 所示。

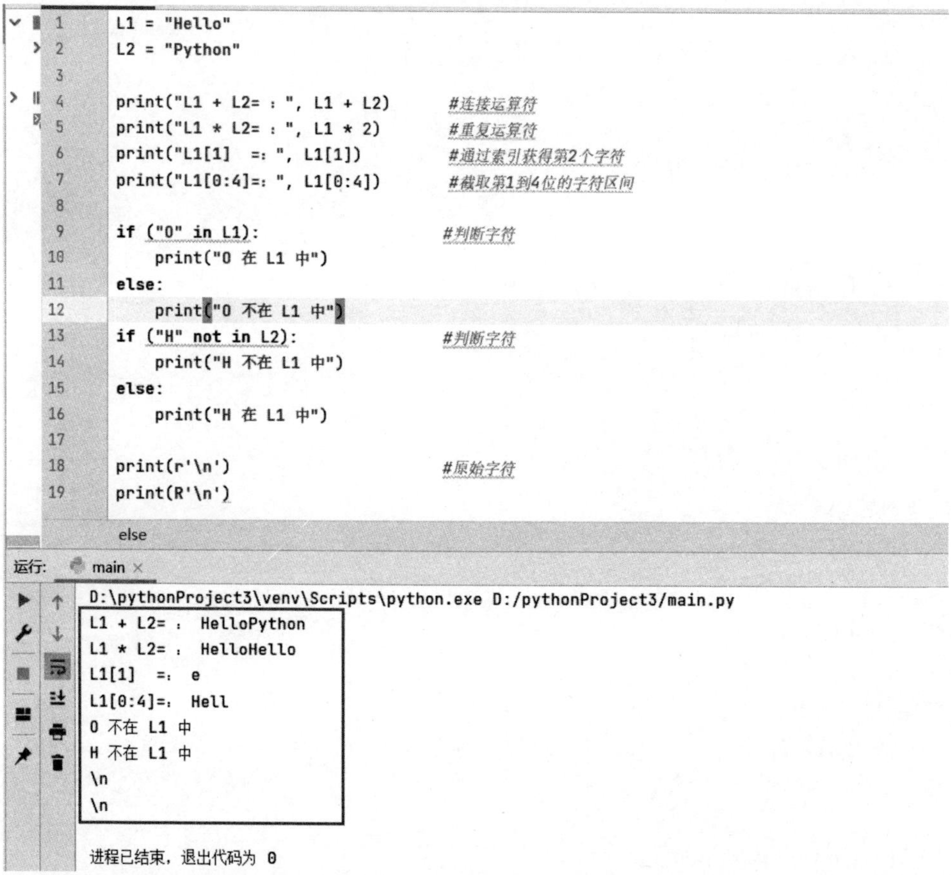

```
1   L1 = "Hello"
2   L2 = "Python"
3
4   print("L1 + L2= : ", L1 + L2)        #连接运算符
5   print("L1 * L2= : ", L1 * 2)         #重复运算符
6   print("L1[1]  =: ", L1[1])           #通过索引获得第2个字符
7   print("L1[0:4]=: ", L1[0:4])         #截取第1到4位的字符区间
8
9   if ("O" in L1):                      #判断字符
10      print("O 在 L1 中")
11  else:
12      print("O 不在 L1 中")
13  if ("H" not in L2):                  #判断字符
14      print("H 不在 L1 中")
15  else:
16      print("H 在 L1 中")
17
18  print(r'\n')                         #原始字符
19  print(R'\n')
```

```
else
运行: main
D:\pythonProject3\venv\Scripts\python.exe D:/pythonProject3/main.py
L1 + L2= :  HelloPython
L1 * L2= :  HelloHello
L1[1]  =:  e
L1[0:4]=:  Hell
O 不在 L1 中
H 不在 L1 中
\n
\n

进程已结束，退出代码为 0
```

图 6.4.1

6.5 字符串内置函数

Python 中有自己的内建函数，除了我们之前学过的，还有一些其他的常用内建函数。

例如，capitalize() 函数、center(width, fillchar) 函数、count(str, beg=0,end=len(string)) 函数等。

capitalize() 函数

作用：将字符串的第一个字符转化为大写。

例：

```
str = "hello world!!!"

print ("str.capitalize() : ", str.capitalize())
```

输出结果如下：

```
str.capitalize() : Hello world!!!
```

在 PyCharm 中的运行结果，如图 6.5.1 所示。

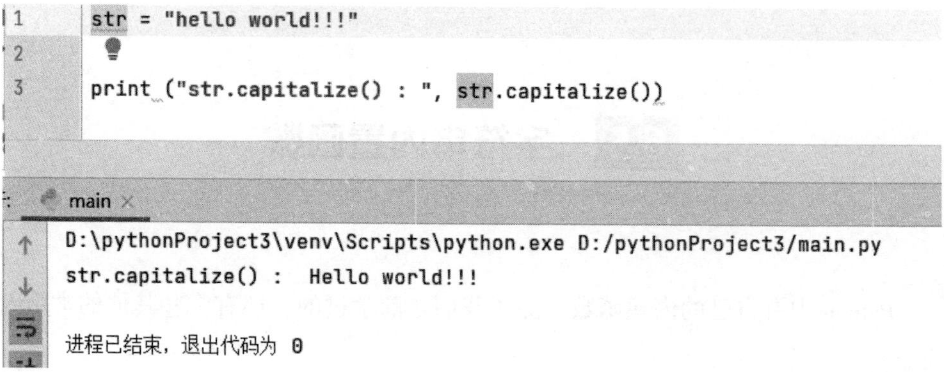

```
1  str = "hello world!!!"
2
3  print ("str.capitalize() : ", str.capitalize())
```

```
main ×
D:\pythonProject3\venv\Scripts\python.exe D:/pythonProject3/main.py
str.capitalize() :  Hello world!!!

进程已结束，退出代码为 0
```

图 6.5.1

由此我们可以看出，运用 capitalize() 函数做到了将 "hello world!!!" 中的“h”转换为了“H”。

center(width, fillchar) 函数

作用：返回一个指定宽度并且居中的字符串，fillchar 为填充的字符；width 为指定的宽度；center 为居中字符串。

例：

```
str = "[Python]"
print ("str.center(10, '+') : ", str.center(10, '+'))
```

输出结果如下：

```
str.center(10, '+') :  +[Python]+
```

在 PyCharm 中的运行结果，如图 6.5.2 所示。

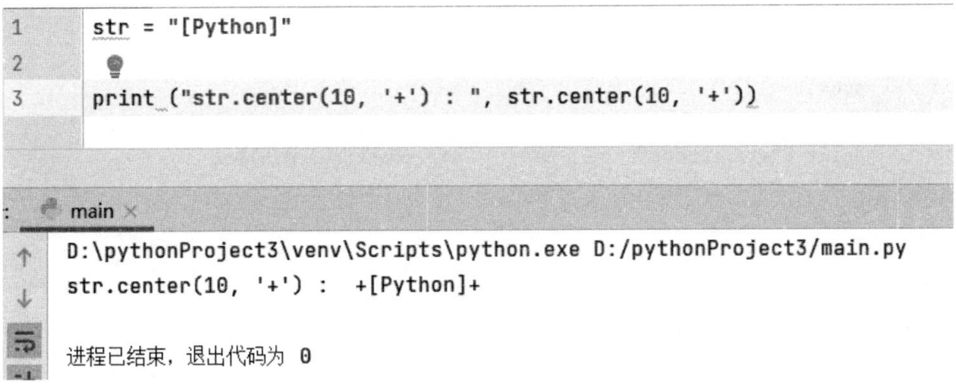

```
1  str = "[Python]"
2
3  print ("str.center(10, '+') : ", str.center(10, '+'))
```

```
main ×
D:\pythonProject3\venv\Scripts\python.exe D:/pythonProject3/main.py
str.center(10, '+') :  +[Python]+

进程已结束，退出代码为 0
```

图 6.5.2

由此我们可以看出，将字符 "[Python]" 居中输出，输出宽度为 10 个单位，填充字符为 ‘+'，最终输出结果为 "+[Python]+"。

```
str.count(sub, start= 0,end=len(string))
```

作用：表示 sub 出现的次数。Start 表示起始位置，end 表示结束的位置。

例：

```
str="hello world"
sub='l'
print ("str.count('l', 0, 5) : ", str.count(sub,0,5))
```

输出结果如下：

```
str.count('l', 0, 5) : 2
```

在 PyCharm 中的运行结果，如图 6.5.3 所示。

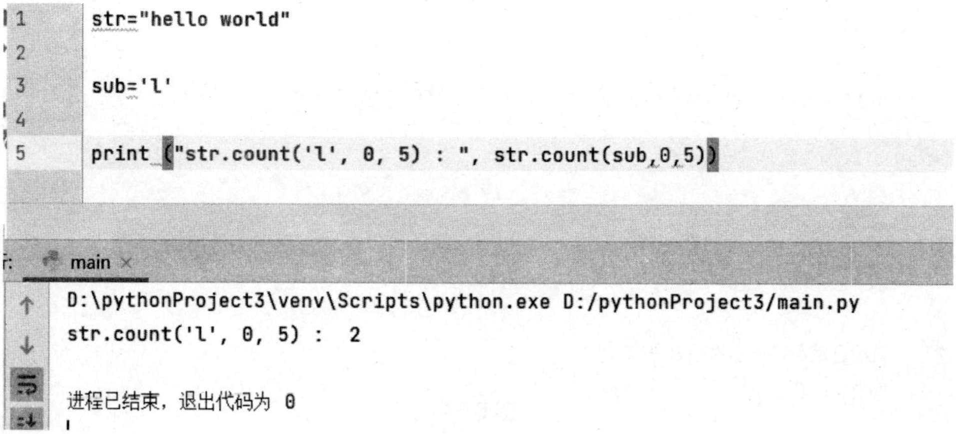

```
1  str="hello world"
2
3  sub='l'
4
5  print ("str.count('l', 0, 5) : ", str.count(sub,0,5))

main ×
D:\pythonProject3\venv\Scripts\python.exe D:/pythonProject3/main.py
str.count('l', 0, 5) :  2

进程已结束，退出代码为 0
```

图 6.5.3

由此我们可以看出，字符“l”在“hello world”中应该出现了 3 次，但是我们设置的搜索范围只到前 5 位字符，所以前 5 位字符中 l 出现的次数是 2 次。

bytes.decode(encoding="utf-8", errors="strict") 函数

作用：Python 中可以用 bytes 对象的 decode() 方法来解码给定的 bytes 对象，并且可以由 str.encode() 来编码。

encode(encoding='UTF-8',errors='strict') 函数

作用：以 encoding 指定的编码格式来进行操作。

str.endswith(suffix[, start[, end]]) 函数

作用：检查字符串是否以 obj 结束。如果为真则为 ture，如果为假则为 false。

例：

```
Str='hello world！ '
suffix='！ '
print (Str.endswith(suffix))
print (Str.endswith(suffix, 0, 5))
```

输出结果如下：

```
True
False
```

在 PyCharm 中的运行结果，如图 6.5.4 所示。

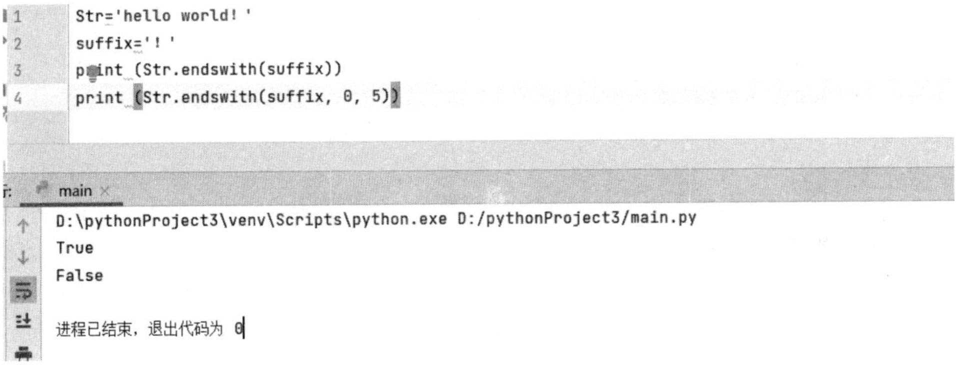

```
1  Str='hello world! '
2  suffix='! '
3  print (Str.endswith(suffix))
4  print (Str.endswith(suffix, 0, 5))

main
D:\pythonProject3\venv\Scripts\python.exe D:/pythonProject3/main.py
True
False

进程已结束，退出代码为 0
```

图 6.5.4

由此我们可以看出，针对字符‘hello world！'中，如果检索整段字符则是以“！”结束，结果为真；如果检索范围为前 5 位字符则是以“0”结尾，结果为假。

expandtabs(tabsize=8) 函数

作用：将字符串 string 中的 tab 符号“/t”转为空格。

例：

```
str = "python\t123"
print( str)
```

输出结果如下：

```
python      123
```

在 PyCharm 中的运行结果，如图 6.5.5 所示。

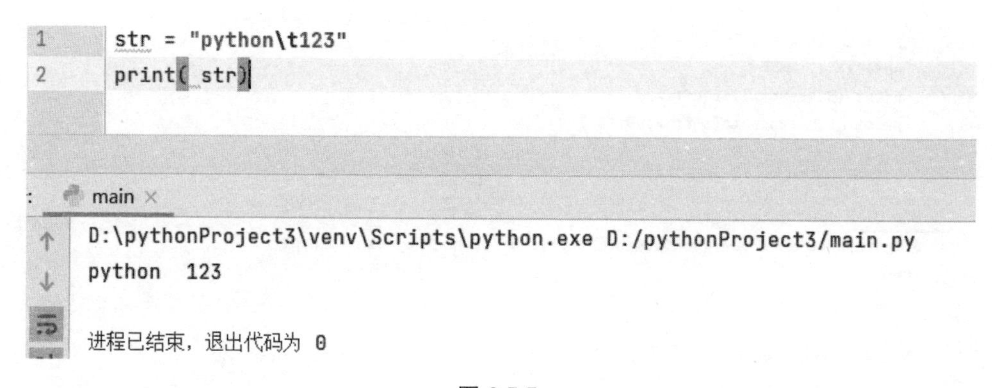

图 6.5.5

```
find(str, beg=0, end=len(string)) 函数
```

作用：检测 str() 是否包含在字符串中，指定的范围是从起始位置 beg 终止位置 end，如果包含则返回索引值，否则将会返回 –1。

例：

```
str1 = "Hello world!!"
str2 = "world";

print(str1.find(str2))
print(str1.find(str2, 8))
```

输出结果如下：

```
6
-1
```

在 PyCharm 中的运行结果，如图 6.5.6 所示。

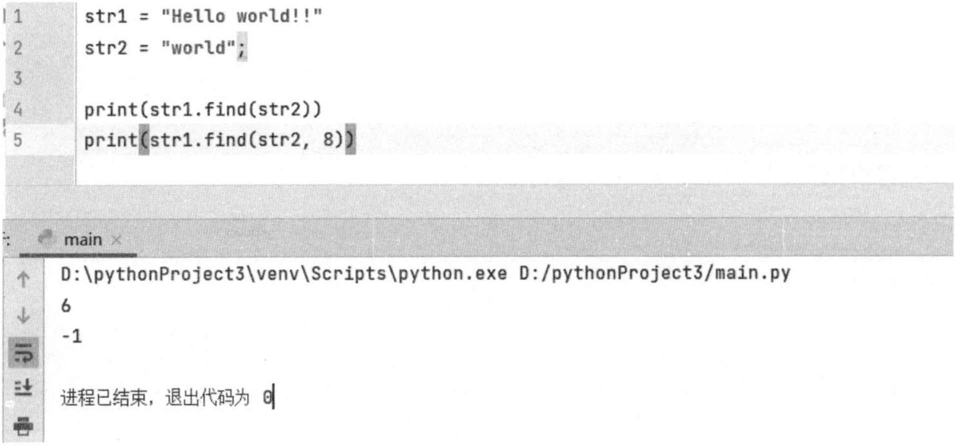

```
1  str1 = "Hello world!!"
2  str2 = "world";
3
4  print(str1.find(str2))
5  print(str1.find(str2, 8))

main ×
D:\pythonProject3\venv\Scripts\python.exe D:/pythonProject3/main.py
6
-1

进程已结束，退出代码为 0
```

图 6.5.6

由此我们可以看出，str2 实际是出现在 str1 中的，但是如果从第 8 位字符开始检索的话，是检索不到 str2 的。

```
isalnum() 函数
```

作用：检测字符串是否是由字母和数字组成。如果字符串是由数字和字母组成的则为 Ture，反之则为 False。

例：

```
str = "Python"       # 字符串中没有空格和其他符号
print(str.isalnum())

str = "Python3.0"    # 字符串中没有空格
print(str.isalnum())

str = "31415926"     # 字符串中没有空格和其他符号
print(str.isalnum())
```

输出结果如下：

```
True
False
True
```

在 PyCharm 中的运行结果，如图 6.5.7 所示。

```
1  str = "Python"          #字符串中没有空格和其他符号
2  print(str.isalnum())
3
4  str = "Python3.0"       #字符串中没有空格
5  print(str.isalnum())
6
7  str = "31415926"        #字符串中没有空格和其他符号
8  print(str.isalnum())
```

```
main ×
D:\pythonProject3\venv\Scripts\python.exe D:/pythonProject3/main.py
True
False
True

进程已结束，退出代码为 0
```

图 6.5.7

isalpha() 函数

作用：检测字符串中是否只由字母构成。如果字符串全部都是字母则为 Ture，反之则为 False。

isdigit() 函数

作用：检测字符串中是否有数字。如果字符串中有数字则为 Ture，反之则为 False。

islower() 函数

作用：检测字符串是否由小写的字母组成。如果字符串中全部都是由小写字母组成则为 Ture，反之则为 False。

```
isnumeric() 函数
```

作用：检测字符串是否全是数字。如果字符串全部由数字组成则为 Ture，反之则为 False。

```
isspace() 函数
```

作用：检测字符串是否只是由空格组成。如果字符串全部由空格组成则为 Ture，反之则为 Falsc。

```
istitle() 函数
```

作用：检测字符串是否标题化。当字符串中的首字母都是大写，后面的字母都是小写的时候则为 True，反之则为 False。

```
join() 函数
```

作用：连接不同字符串、数组中的元素，以指定的分隔符连接成为一个新的字符串。

例：

```
s1 = "+"                          # 连接符号为 +
s2 = ""                           # 连接符号为无
s3 = " "                          # 连接符号为空格
seq = ("p", "y", "t", "h", "o", "n")        # 需要连接的字符串
```

```
print (s1.join( seq ))

print (s2.join( seq ))

print (s3.join( seq ))
```

输出结果如下：

```
p+y+t+h+o+n

python

p y t h o n
```

在 PyCharm 中的运行结果，如图 6.5.8 所示。

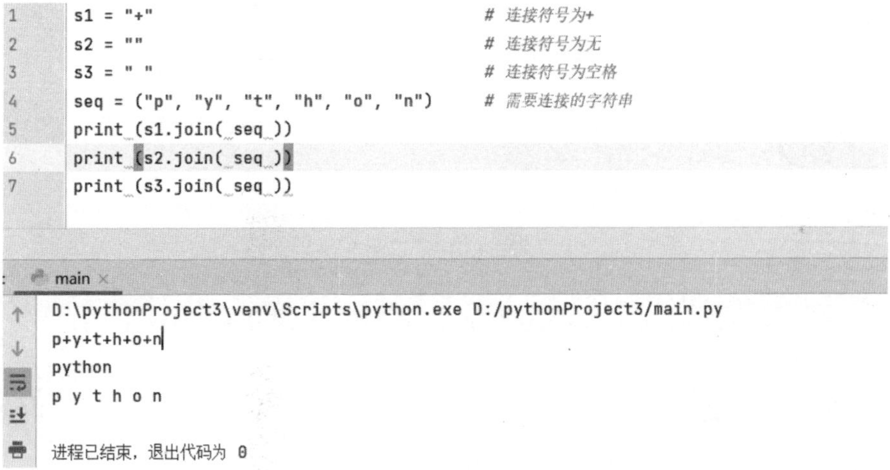

```
1  s1 = "+"                                   # 连接符号为+
2  s2 = ""                                    # 连接符号为无
3  s3 = " "                                   # 连接符号为空格
4  seq = ("p", "y", "t", "h", "o", "n")       # 需要连接的字符串
5  print (s1.join( seq ))
6  print (s2.join( seq ))
7  print (s3.join( seq ))
```

```
main ×
D:\pythonProject3\venv\Scripts\python.exe D:/pythonProject3/main.py
p+y+t+h+o+n
python
p y t h o n

进程已结束，退出代码为 0
```

图 6.5.8

len(string) 函数

作用：检测函数返回字符串、元组、列表的长度。

lower() 函数

作用：将字符串中所有的大写字符转换为小写字符。

例：

```
str = "HELLO PYTHON!!!"
print( str.lower() )
```

输出结果如下：

```
hello python!!!
```

在 PyCharm 中的运行结果，如图 6.5.9 所示。

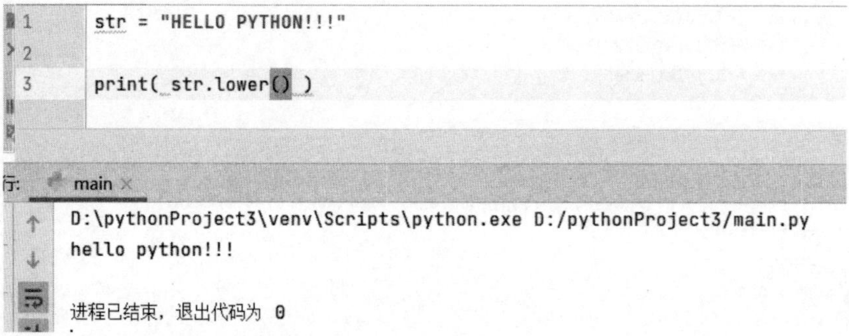

```
1  str = "HELLO PYTHON!!!"
2
3  print( str.lower() )
```

```
行:  main
D:\pythonProject3\venv\Scripts\python.exe D:/pythonProject3/main.py
hello python!!!

进程已结束，退出代码为 0
```

图 6.5.9

max(str) 函数

作用：检测返回字符串 str 中最大的字母。

例：

```
str = "31415926"
print (max(str))
```

输出结果如下：

```
9
```

在 PyCharm 中的运行结果，如图 6.5.10 所示。

图 6.5.10

```
min(str) 函数
```

作用：检测返回字符串 str 中最小的字母。

```
replace(old, new [, max]) 函数
```

作用：把字符串中 old 转化为 new，并且不能超过 max 指定的次数。

```
rfind(str, beg=0,end=len(string)) 函数
```

作用：参考 find(str, beg=0, end=len(string)) 函数使用方法，方向则是从右向左开始检索。

```
rindex( str, beg=0, end=len(string)) 函数
```

作用：参考 index(str, beg=0, end=len(string)) 函数使用方法，方向则是从右向左开始检索。

```
rstrip() 函数
```

作用：删除字符串末尾的空格部分。

```
strip([chars]) 函数
```

作用：表示字符串执行 lstrip() 函数和 rstrip() 函数。

```
swapcase() 函数
```

作用：将字符串中的大小写互换。

例：

```
str = "Hello World!"
print (str.swapcase())
```

输出结果如下：

```
hELLO wORLD!
```

在 PyCharm 中的运行结果，如图 6.5.11 所示。

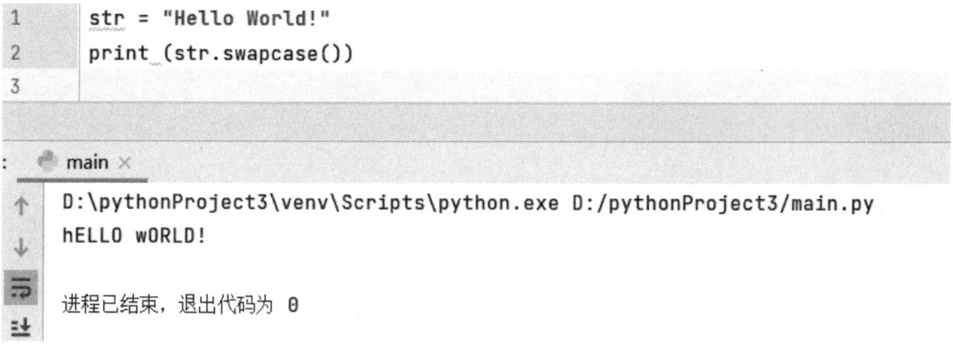

```
1  str = "Hello World!"
2  print (str.swapcase())
3

main ×
D:\pythonProject3\venv\Scripts\python.exe D:/pythonProject3/main.py
hELLO wORLD!

进程已结束，退出代码为 0
```

图 6.5.11

upper() 函数

作用：将字符串中的小写字母转换为大写字母。

zfill (width) 函数

作用：返回 width 长度的字符串，原字符串右对齐。

isdecimal() 函数

作用：检测字符串是否是十进制字符。

第七章

Python 的“器”

Python 中有很多自带的“器”，目的是方便我们操作和编写。本章我们讲述一下 Python 中自带的“器”。

7.1 迭代器

作为访问元素集合的一种特殊的方式，Python 的迭代是一个强大的功能。迭代器是一个记住遍历的位置的对象。

它具有以下特点：

首先，迭代器只能向前不能后退；

其次，迭代器访问的是全部的元素；

最后，元组、列表和字符串都可以创建迭代器。

迭代器有两种基本的用法：一种是 iter()，一种是 next()。

下面，我们用一则案例来看一下什么是迭代器，并将列表中的元素利用迭代器依次输出。

以下案例是将列表 list=[3.1,2,-100,1/2] 中的元素利用迭代器依次输出。

```
list=[3.1,2,-100,1/2]
it = iter(list)
print (next(it))  #依次输出迭代器的元素


print (next(it))


print (next(it))


print (next(it))
```

输出结果如下：

```
3.1
2
-100
0.5
```

在 PyCharm 中的运行结果，如图 7.1.1 所示。

```
1  list=[3.1,2,-100,1/2]
2  it = iter(list)
3  print (next(it))    # 依次输出迭代器的元素
4
5  print (next(it))
6
7  print (next(it))
8
9  print (next(it))
```

```
main ×
D:\pythonProject3\venv\Scripts\python.exe D:/pythonProject3/main.py
3.1
2
-100
0.5

进程已结束，退出代码为 0
```

图 7.1.1

7.1.1 遍历

Python 中的迭代器可以使用 for 语句进行遍历。遍历就是按照一定的顺序去访问列表中的所有元素或节点。

```
list=[3.1,2,-100,1/2]
it = iter(list)   # 创建迭代器
for x in it:      # for 语句完成遍历
   print (x, end=" ")
```

输出结果如下：

```
3.1 2 -100 0.5
```

在 PyCharm 中的运行结果，如图 7.1.2 所示。

```
1  list=[3.1,2,-100,1/2]
2  it = iter(list)     # 创建迭代器
3  for x in it:        # for语句完成遍历
4      print (x, end=" ")
```

```
main ×
D:\pythonProject3\venv\Scripts\python.exe D:/pythonProject3/main.py
3.1 2 -100 0.5
进程已结束，退出代码为 0
```

图 7.1.2

同理，我们也可以使用 next() 来实现遍历。

```
import sys
list = [3.1, 2, -100, 1/2]
it = iter(list)          # 创建迭代器


while True:
  try:
    print(next(it))
  except StopIteration:
    sys.exit()
```

输出结果如下：

```
3.1
2
-100
0.5
```

在 PyCharm 中的运行结果，如图 7.1.3 所示。

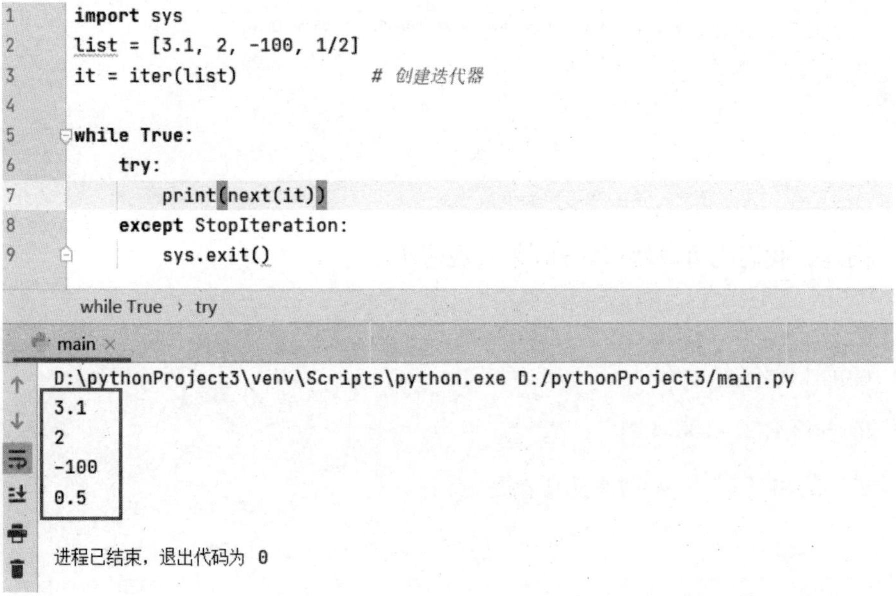

```
1    import sys
2    list = [3.1, 2, -100, 1/2]
3    it = iter(list)            # 创建迭代器
4
5    while True:
6        try:
7            print(next(it))
8        except StopIteration:
9            sys.exit()
```

while True › try

main ×

```
D:\pythonProject3\venv\Scripts\python.exe D:/pythonProject3/main.py
3.1
2
-100
0.5

进程已结束，退出代码为 0
```

图 7.1.3

这里值得注意的是 next() 语句与 for() 语句的区别。for() 语句输出的结果是同行；next() 语句输出的结果是同列。如果需要输出为同列，需要将 for 语句中 end 部分删除即可。

```
list=[3.1,2,-100,1/2]
it = iter(list)   # 创建迭代器
```

```
for x in it:        # for 语句完成遍历
    print (x)
```

我们可以将上面的案例和第一个案例对比，去掉 end 部分后，for() 语句的输出结果从同行变成了同列，如图 7.1.4 所示。

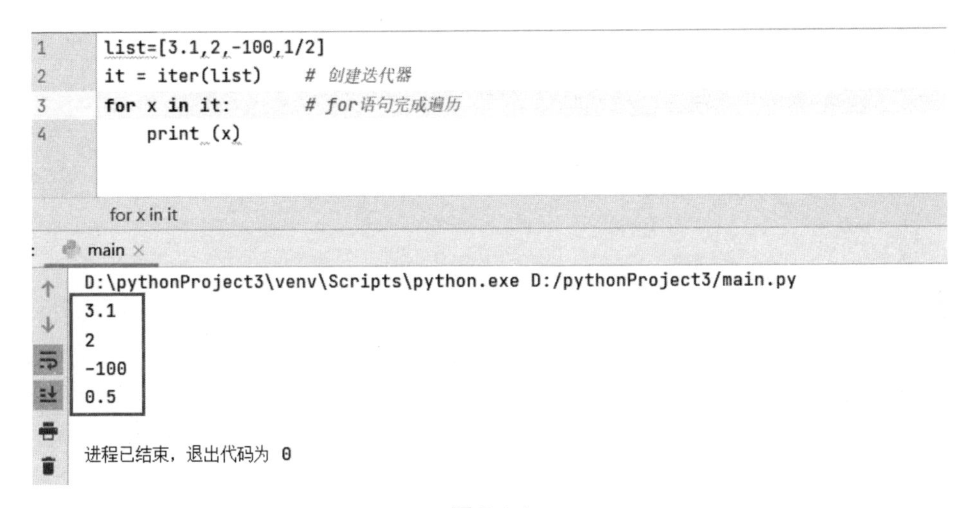

图 7.1.4

7.1.2 结束迭代

在 Python 中，我们会使用 StopIteration 异常来标识迭代的结束。使迭代结束的目的在于防止迭代无限循环的情况出现。

例如，以下案例中 StopIteration 的表现。

```
import sys
list = [3.1, 2, -100, 1/2]
it = iter(list)        # 创建迭代器
```

```
while True:
    try:
        print(next(it))
    except StopIteration:    #StopIteration 的作用标识迭代的结束
        sys.exit()
```

输出结果如下：

```
3.1
2
-100
0.5
```

在 PyCharm 中的运行结果，如图 7.1.5 所示。

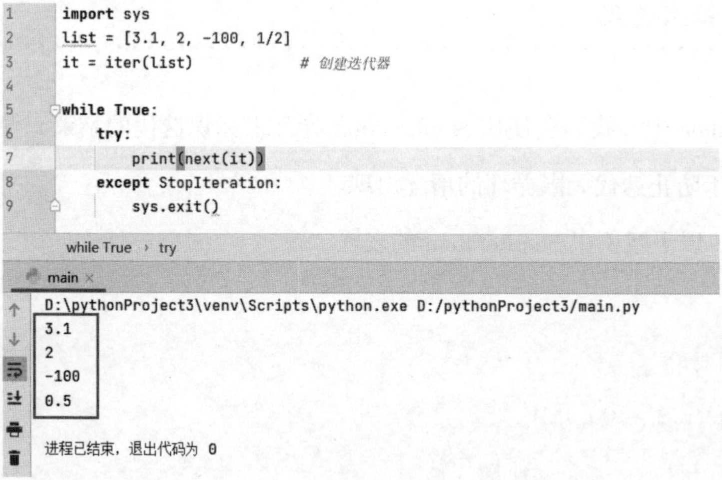

```
1  import sys
2  list = [3.1, 2, -100, 1/2]
3  it = iter(list)            # 创建迭代器
4
5  while True:
6      try:
7          print(next(it))
8      except StopIteration:
9          sys.exit()

while True › try
main ×
D:\pythonProject3\venv\Scripts\python.exe D:/pythonProject3/main.py
3.1
2
-100
0.5

进程已结束，退出代码为 0
```

图 7.1.5

7.2 生成器

我们一般会认为，当 Python 中使用了 yield() 函数时被称为生成器。其实，生成器也是迭代器，只不过生成器是一个返回迭代器的函数。

在生成器调用过程中，只要遇到 yield()，函数就会马上暂停并且保存全部已经运行的信息。保存完成后重新返回 yield() 的设定值，并且从下一个 next() 位置继续运行。

例：输出 10 以内的整数。

```
def my_print(x):
    for i in range(x):
        print(i)


my_print(10)
```

输出结果如下：

```
0
1
2
3
4
```

```
5
6
7
8
9
```

在 PyCharm 中的运行结果，如图 7.2.1 所示。

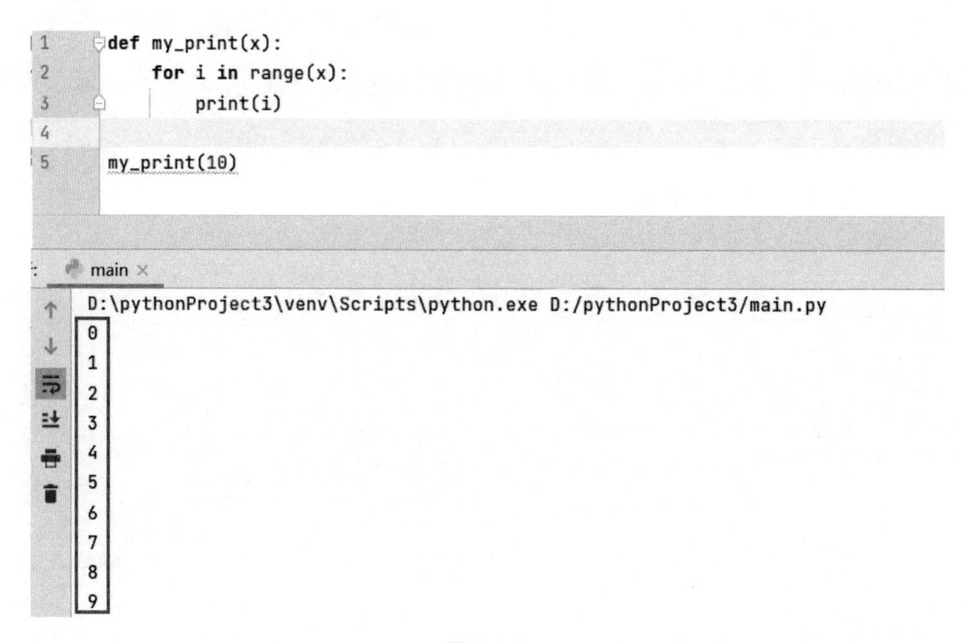

图 7.2.1

这时，我们将源文件中的 print 换成 yield 时会有什么变化呢？

```
def my_print(x):
    for i in range(x):
        yield (i)
```

```
print(my_print(10))
for i in my_print(10):
    print(i)
```

在 PyCharm 中的运行结果，如图 7.2.2 所示。

```
1  def my_print(x):
2      for i in range(x):
3          yield (i)
4
5  print(my_print(10))
6  for i in my_print(10):
7      print(i)
```

```
main ×
D:\pythonProject3\venv\Scripts\python.exe D:/pythonProject3/main.py
<generator object my_print at 0x00000165AACB9510>
0
1
2
3
4
5
6
7
8
9

进程已结束，退出代码为 0
```

图 7.2.2

我们可以看到，在 yield 出现时，for 循环获取了 yield 后面的值，函数会暂停。等到下一次 for 循环遍历的时候，函数从 yield 开始继续向下执行，直到又重新遇到 yield 的时候再次返回 yield 的值。这个过程会一直循环直到函数停止。

7.3 注释

Python 中的注释使用和其他语言的用法相似，都是标注模块、函数等正确使用规则。

在 Python 中，注释分为单行注释和多行注释。

7.3.1 单行注释

单行注释就是在文件空置部分输入“#”号加注释的内容即可。在运行程序过程中，注释并不进入程序循环。

单行注释的格式为：

```
print("Hello, Python!")    # 你好，Python
```

输出结果如下：

```
Hello, Python!
```

在 PyCharm 中的运行结果，如图 7.3.1 所示。

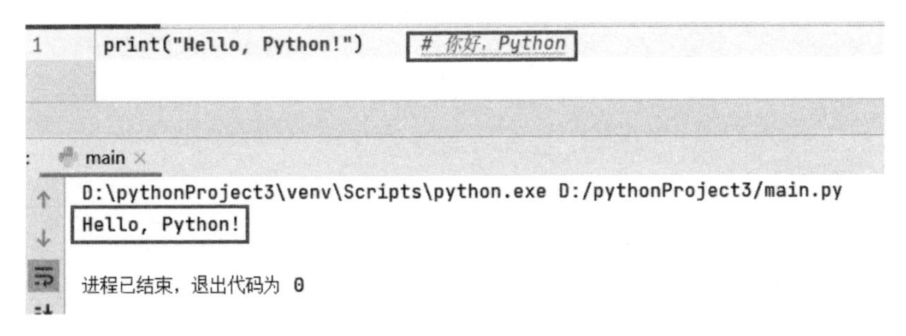

图 7.3.1

由此我们可以看到，“# 你好，Python” 并没有影响程序的运行，但是它为 print("Hello, Python!") 做了含义注释。

7.3.2　多行注释

多行注释分为单引号注释与双引号注释两种。

下面，我们分别看一下这两种注释的内容区别。

单引号注释：

```
'''
第一行注释
第二行注释
第三行注释
第四行注释
'''
print("Hello, Python!")
```

我们将单引号换成双引号：

```
"""
第一行注释
第二行注释
第三行注释
第四行注释
"""
print("Hello, Python!")
```

这两个案例的运行结果没有区别，所以在多行注释中用单引号和双引号是没有区别的。

```
Hello, Python!
Hello, Python!
```

在 PyCharm 中的运行结果，如图 7.3.2 所示。

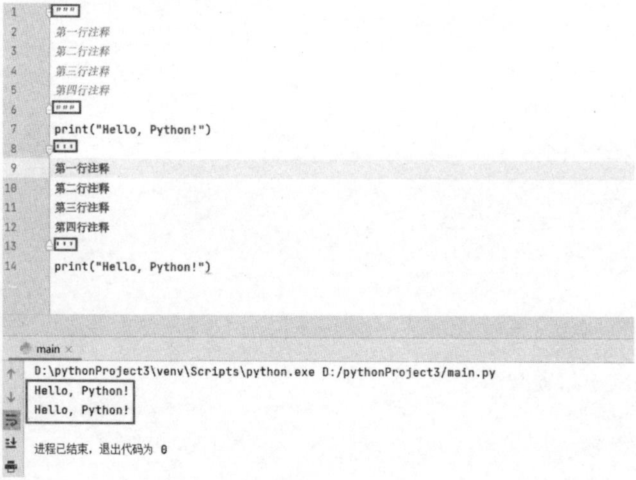

图 7.3.2

第八章

经典 24 例

案例 1　输出 Hello World！

```
print('Hello World!')
```

输出结果如下：

```
Hello World!
```

在 PyCharm 中的运行结果，如图 8.1 所示。

图 8.1

知识点巩固：

在学习 Python 的时候，我们接触的第一个代码大部分都是“print('Hello World!')”。这个看似简单的代码其实蕴含了很多规律和方法。

Print 函数的完整用法是：

```
print(*objects, sep=' ', end='\n', file=sys.stdout, flush=False)
```

objects：表示复数，可以一次性输出多个项目。

sep=：表示我们可以使用 sep 分割多个对象。

end=：结束符，后面跟着的是换行符 /n。

File：表示我们要写入的文件。

Flush：输出是否需要被缓存，后面常接 false 或者 ture。

通常 print 函数输出时，是有两行的，第二行一般以空行处理。

如果我们不想让 print 函数换行时，需要在后面加上 end 参数为空就可以，即：

```
print('Hello World!',end='')。
```

案例 2　求两个值的和

```
num1 = input(' 输入第一个数字：') # 设置第一个数字
num2 = input(' 输入第二个数字：') # 设置第二个数字


sum = float(num1) + float(num2)    # 计算公式


print(format(num1, num2, sum))   # 显示计算结果
```

输入 num1=1、num2=2 得到结果 sum=3。

我们知道 Python 中可以直接运用符号来运算公式，例如“+”“-”“*”“/”等，所以我们可以直接简化以上代码为：

```
print(float' 输入第一个数字：')+float(' 输入第二个数字：')
```

在 PyCharm 中的运行结果，如图 8.2 所示。

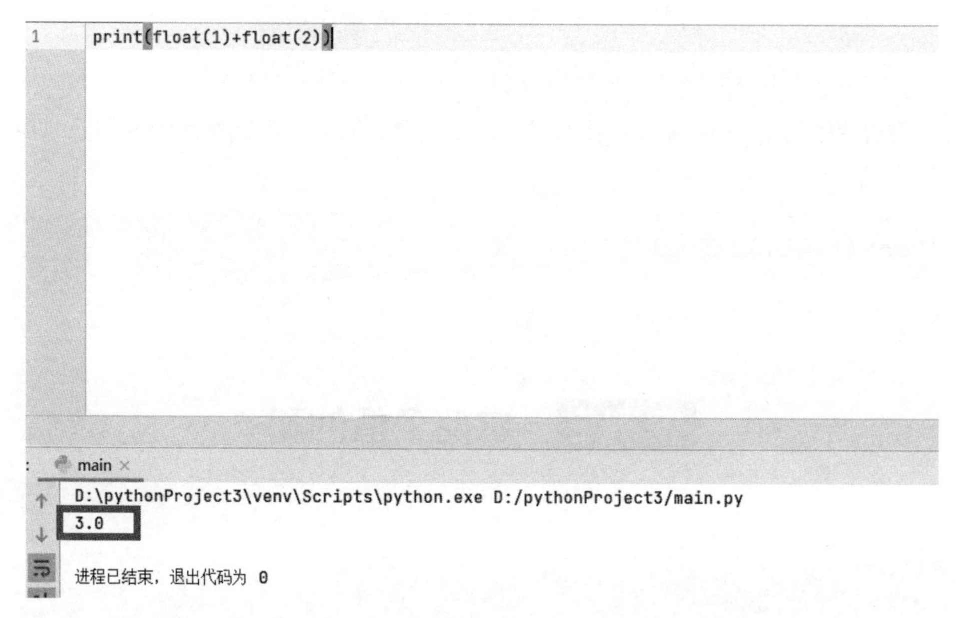

图 8.2

知识点巩固：

Python 使用计算公式就是这么简单，直接运用数学符号来计算就可以了。

这里的计算公式为：sum=float(num1)+ float(num2)。我们可以简单地理解为一般的数学公式 c=a+b。

操作过程中，首先确定第一个因数：num1=input(' 输入第一个数字：') 和第二个因数 num2=input(' 输入第二个数字：')。然后确定我们的计算公式为加法，输出结果用 print 函数输出即可。

案例 3　计算三角形面积

```
a = float(' 输入三角形第一个边的边长 : ')        # 数据导入
b = float(' 输入三角形第二个边的边长 : ')
c = float(' 输入三角形第三个边的边长 : ')

s = (a + b + c) / 2                     # 半周长计算公式

area = (s*(s-a)*(s-b)*(s-c)) ** 0.5            # 面积计算公式

print(area)                         # 输出结果
```

输入 a=3 b=4 c=5 得到结果 area=6。

在 PyCharm 中的运行结果，如图 8.3 所示。

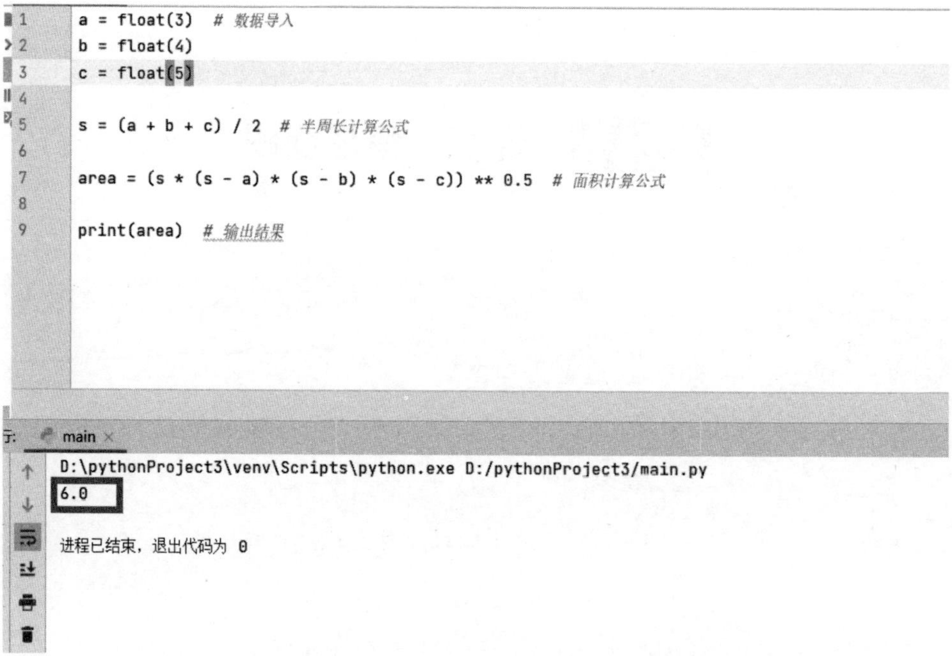

```
1  a = float(3)  # 数据导入
2  b = float(4)
3  c = float(5)
4
5  s = (a + b + c) / 2  # 半周长计算公式
6
7  area = (s * (s - a) * (s - b) * (s - c)) ** 0.5  # 面积计算公式
8
9  print(area)  # 输出结果
```

```
main ×
D:\pythonProject3\venv\Scripts\python.exe D:/pythonProject3/main.py
6.0

进程已结束，退出代码为 0
```

图 8.3

知识点巩固：

三角形的面积计算和加法类似，我们需要知道三角形的面积与边长的公式为：

```
area = (s*(s−a)*(s−b)*(s−c)) ** 0.5
```

其中 s 为半周长值，然后我们通过半周长与边的关系可以直接将关系式带入：

```
s= (a + b + c) / 2
```

然后，我们分别将三个边的数值导入即可：

```
a = float(' 输入三角形第一个边的边长 : ')      # 导入第一个边长
b = float(' 输入三角形第二个边的边长 : ')      # 导入第二个边长
c = float(' 输入三角形第三个边的边长 : ')      # 导入第三个边长
```

这就是Python迷人的地方，我们直接通过逻辑推理就可以完成程序的制作。

案例 4　判断字符串中的元素组成

```
str = " Hello World!  666" # 判断元素的组成部分
print(str.isalnum())    # 判断所有字符都是数字或者字母
print(str.isalpha())    # 判断所有字符都是字母
print(str.isdigit())    # 判断所有字符都是数字
print(str.islower())    # 判断所有字符都是小写
print(str.isupper())    # 判断所有字符都是大写
print(str.istitle())    # 判断所有单词都是首字母大写，像标题

print("------------------------")
```

输出结果如下：

```
判断结果
False
False
```

```
False
False
False
True
```

在 PyCharm 中的运行结果，如图 8.4 所示。

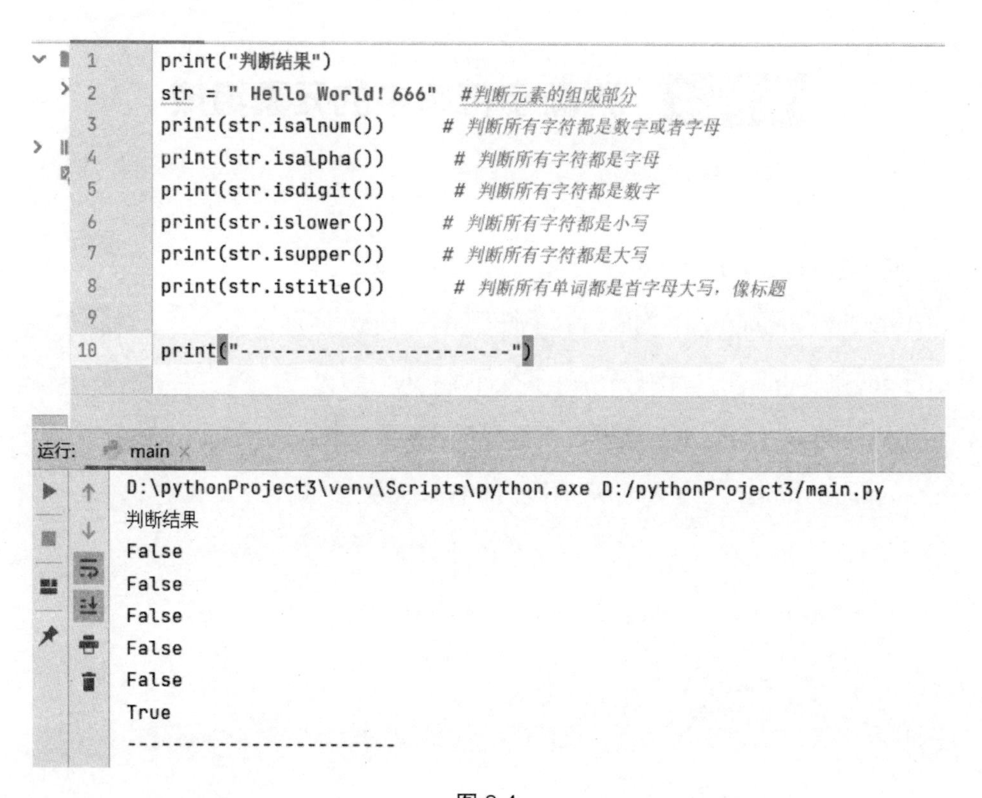

图 8.4

案例 5　设定：list = [0, 1, 2, 3, 4,5] 列表，翻转列表

```
def Reverse(lst):

    return [ele for ele in reversed(lst)]  # 翻转列表

lst = [0, 1, 2, 3, 4, 5]

print(Reverse(lst))                # 输出列表
```

输出结果如下：

```
[5, 4, 3, 2, 1, 0]
```

在 PyCharm 中的运行结果，如图 8.5 所示。

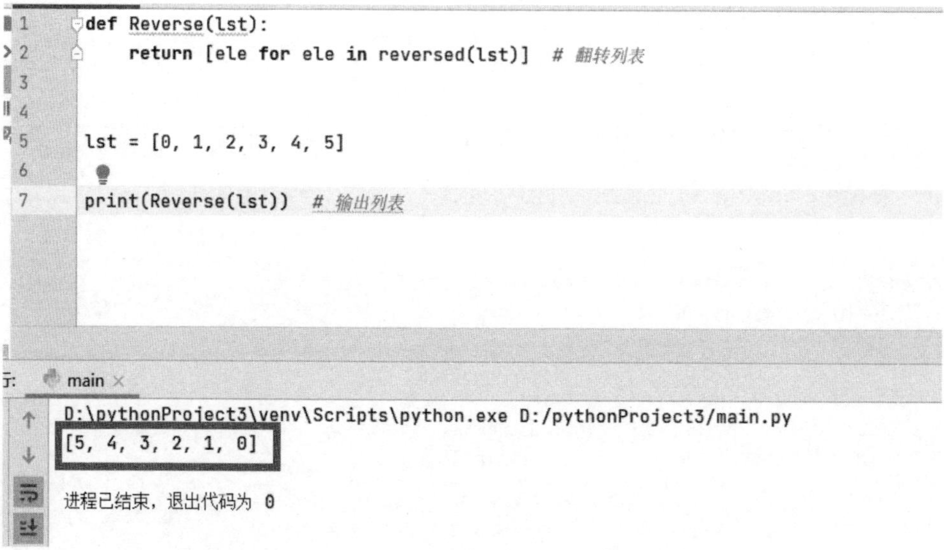

```
1  def Reverse(lst):
2      return [ele for ele in reversed(lst)]  # 翻转列表
3
4
5  lst = [0, 1, 2, 3, 4, 5]
6
7  print(Reverse(lst))  # 输出列表
```

```
main ×
D:\pythonProject3\venv\Scripts\python.exe D:/pythonProject3/main.py
[5, 4, 3, 2, 1, 0]

进程已结束，退出代码为 0
```

图 8.5

案例 6 清空列表利用 clear() 方法实现

```
LIST = [0, 1, 2, 3, 4, 5]

print(' 清空前 :',LIST)

LIST.clear()

print(' 清空后 :', LIST)
```

输出结果如下：

```
清空输出前：LIST = [0, 1, 2, 3, 4, 5]

清空输出后：[]
```

在 PyCharm 中的运行结果，如图 8.6 所示。

```
1  LIST = [0, 1, 2, 3, 4, 5]
2
3  print('清空前:', LIST)
4
5  LIST.clear()
6
7  print('清空后:', LIST)
```

```
main ×
D:\pythonProject3\venv\Scripts\python.exe D:/pythonProject3/main.py
清空前: [0, 1, 2, 3, 4, 5]
清空后: []

进程已结束，退出代码为 0
```

图 8.6

案例 7　比较两个数值的大小

```
a=int( 第一个数值 )    # 输入两个数值

b=int( 第二个数值 )

if a<b:

   print('a<b')
```

```
elif a>b:
    print('a>b')
else:
print('a=b')
```

输入第一个数值为 1 第二个数值为 2

```
对比结果 1 < 2
```

在 PyCharm 中的运行结果，如图 8.7 所示。

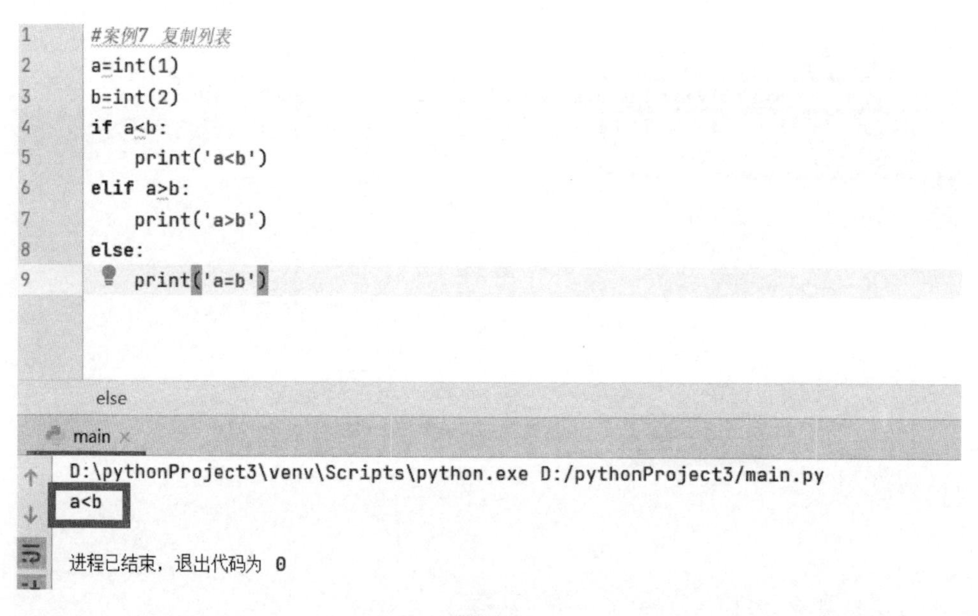

图 8.7

知识点巩固：

案例只是列举出了两个数值的比较，但我们知道在日常工作当中，有很多地方是需要对整个列表进行大小排序，比如按照成绩、业绩、年龄等。通过上面基础的比较数值大小的数据，我们可以将今后遇到的更庞大的数据进行比较排序。

案例 8　设定列表：list1 = [0, 1, 2, 3, 4, 5]，求列表之和

```
total = 0

list1 =[0, 1, 2, 3, 4, 5]          # 列表 list1

for ele in range(0, len(list1)):      # 计算方式
    total = total + list1[ele]

print(" 列表中元素之和 : ", total)    # 输出结果
```

输出结果如下：

```
列表中元素之和 :15
```

在 PyCharm 中的运行结果，如图 8.8 所示。

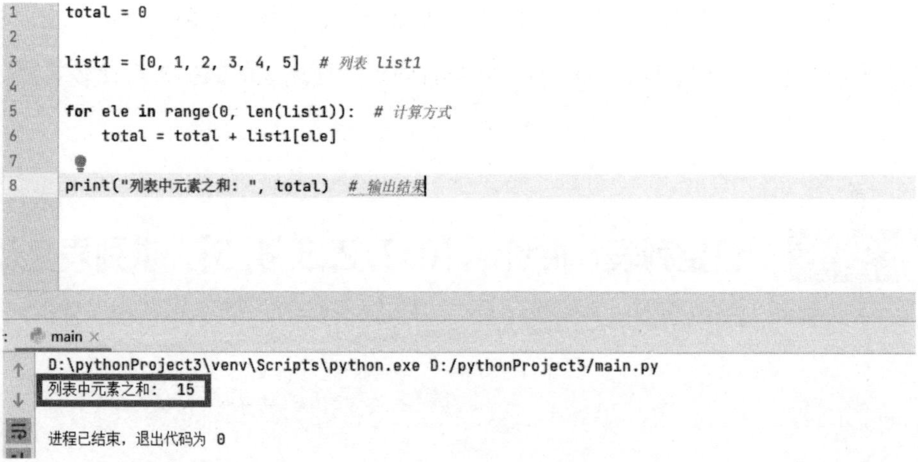

```
1   total = 0
2
3   list1 = [0, 1, 2, 3, 4, 5]  # 列表 list1
4
5   for ele in range(0, len(list1)):  # 计算方式
6       total = total + list1[ele]
7
8   print("列表中元素之和: ", total)  # 输出结果
```

```
main ×
D:\pythonProject3\venv\Scripts\python.exe D:/pythonProject3/main.py
列表中元素之和:  15

进程已结束，退出代码为 0
```

图 8.8

知识点巩固：

数列之和也是很基础的案例。我们通过对列表中所有元素之和来进行总结，今后在日常应用中遇到复杂的人数、物品统计、成绩之和等，都可以这样解决。

案例 9　判断字符串的长度

```
str = "Study"          # 设定字符串


print(len(str))        # 判断长度
```

输出结果如下：

```
5
```

在 PyCharm 中的运行结果，如图 8.9 所示。

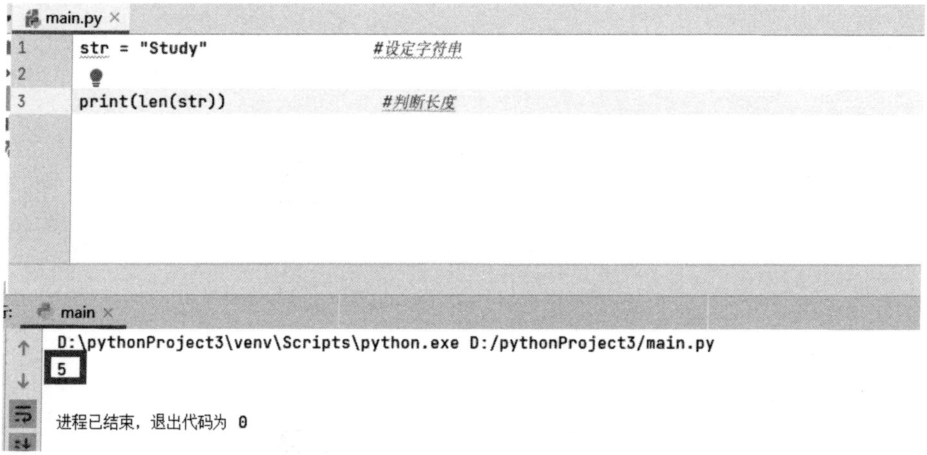

```
main.py
1   str = "Study"                #设定字符串
2
3   print(len(str))              #判断长度
```

```
main
D:\pythonProject3\venv\Scripts\python.exe D:/pythonProject3/main.py
5

进程已结束，退出代码为 0
```

图 8.9

案例 10 认识 if、elif、else 的用法

```
num = float(input(" 输入数值 : "))   # 用户输入数字

if num > 0:                 # 判断数值
  print(" 正数 ")

elif num == 0:
  print(" 零 ")

else:
```

```
    print(" 负数 ")
```

输出结果如下：

```
输入数值：-1
负数
输入数值：0
零
输入数值：1
正数
```

在 PyCharm 中的运行结果，如图 8.10 所示。

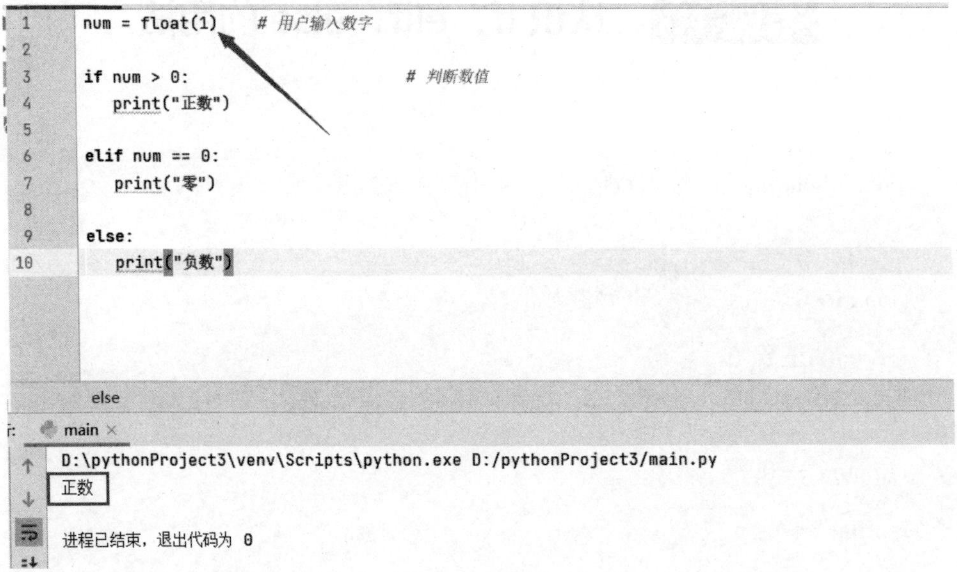

```
1  num = float(1)    # 用户输入数字
2
3  if num > 0:                  # 判断数值
4     print("正数")
5
6  elif num == 0:
7     print("零")
8
9  else:
10    print("负数")
```

else

main ×

D:\pythonProject3\venv\Scripts\python.exe D:/pythonProject3/main.py
正数

进程已结束，退出代码为 0

图 8.10

案例 11　数值交换

```
x = 第一个数值          # 输入数值
y = 第二个数值

temp = x               # 创建临时变量，以此变量为基础进行逐次交换
x = y
y = temp

print(' 交换后的 X 的值是 : {}'.format(x))          # 交换后 x 的值为 : {}
print(' 交换后的 Y 的值是 : {}'.format(y))          # 交换后 y 的值为 : {}
```

输出结果如下：

```
3
5
交换后的 X 的值是 :5
交换后的 Y 的值是 :3
```

在 PyCharm 中的运行结果，如图 8.11 所示。

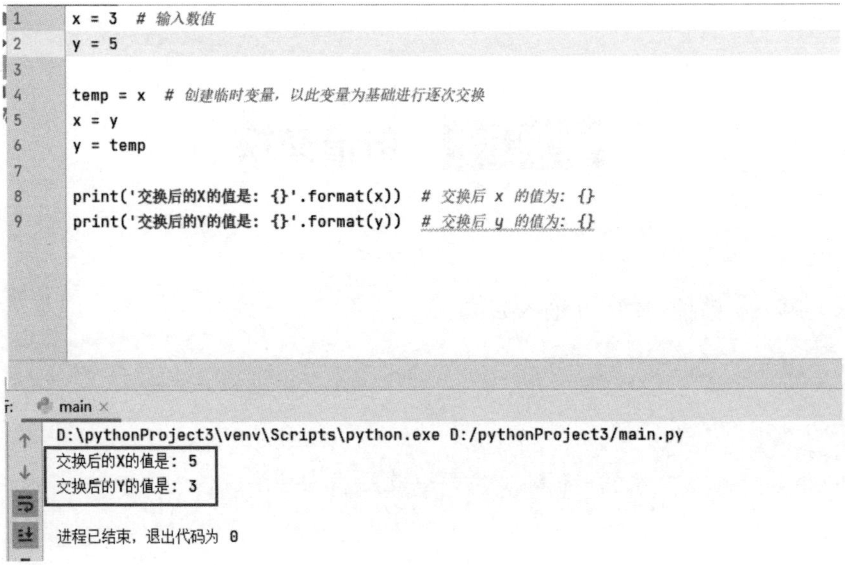

```
x = 3  # 输入数值
y = 5

temp = x  # 创建临时变量，以此变量为基础进行逐次交换
x = y
y = temp

print('交换后的X的值是：{}'.format(x))  # 交换后 x 的值为：{}
print('交换后的Y的值是：{}'.format(y))  # 交换后 y 的值为：{}
```

```
main
D:\pythonProject3\venv\Scripts\python.exe D:/pythonProject3/main.py
交换后的X的值是：5
交换后的Y的值是：3

进程已结束，退出代码为 0
```

图 8.1.11

案例 12　计算阶乘 n！

所谓数的阶乘就是小于和等于这个数的所有整数的乘积。

例如，6 的阶乘就是 1X2X3X4X5X6=720，即 n！=1*2*3*4*5*...*n。

```
num = 输入数值                    # 输入数值
factorial = 1

if num < 0:                      # 检查数值是否合法，小于 0 的数值没有阶乘
  print(" 错误 ")
```

```
elif num == 0:
  print("0 的阶乘为 1")              # 0 的阶乘是 1

else:
  for i in range(1,num + 1):               # 开始结算阶乘公式
     factorial = factorial*i

  print("%d 的阶乘为 %d" %(num,factorial)) # 结果输出
```

输出结果如下：

```
输入一个数值：6
6 的阶乘为：720
```

在 PyCharm 中的运行结果，如图 8.12 所示。

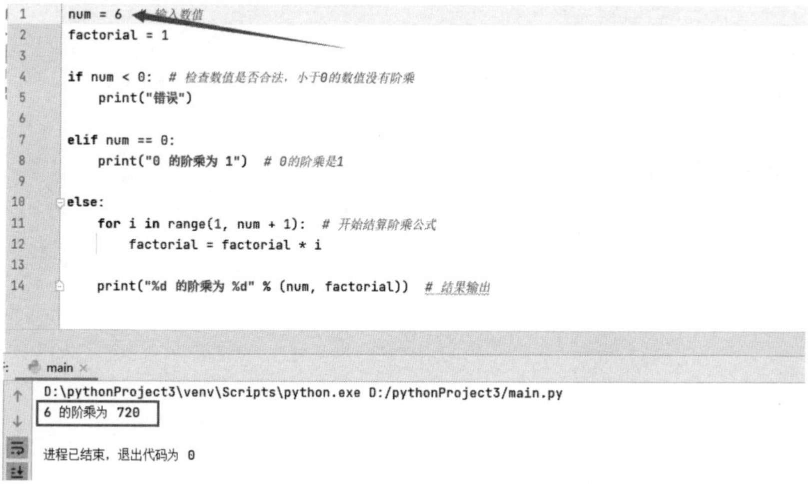

```
1   num = 6  # 输入数值
2   factorial = 1
3
4   if num < 0:  # 检查数值是否合法，小于0的数值没有阶乘
5       print("错误")
6
7   elif num == 0:
8       print("0 的阶乘为 1")  # 0的阶乘是1
9
10  else:
11      for i in range(1, num + 1):  # 开始结算阶乘公式
12          factorial = factorial * i
13
14      print("%d 的阶乘为 %d" % (num, factorial))  # 结果输出

main
D:\pythonProject3\venv\Scripts\python.exe D:/pythonProject3/main.py
6 的阶乘为 720

进程已结束，退出代码为 0
```

图 8.12

案例 13 显示现在的时间

```
import time

for i in range(1):
print(time.strftime('%Y-%m-%d %H:%M:%S',time.localtime(time.time())))
```

在 PyCharm 中的运行结果，如图 8.13 所示。

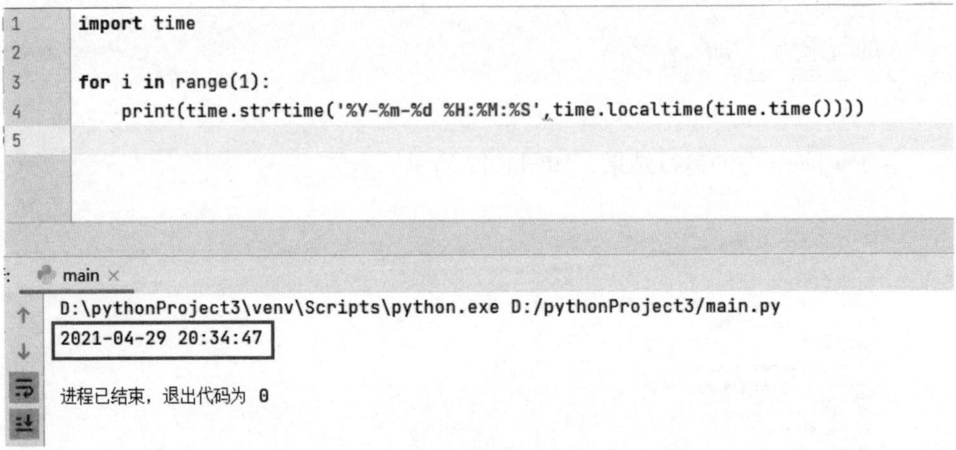

```
1  import time
2
3  for i in range(1):
4      print(time.strftime('%Y-%m-%d %H:%M:%S',time.localtime(time.time())))
5
```

```
main ×
D:\pythonProject3\venv\Scripts\python.exe D:/pythonProject3/main.py
2021-04-29 20:34:47

进程已结束，退出代码为 0
```

图 8.13

案例 14　斐波那契数列

斐波那契数列是数学家莱昂纳多·斐波那契以兔子繁殖的数量为例引入的，又被称为“兔子数列”。简单来说，斐波那契数列就是一串数列从第三项开始每项的数值是前两项数值之和。

例如，数列 0、1、1、2、3、5、8、13、21、34。

```
def recur_fibo(n):                        # 输出斐波那契数列
  if n <= 1:                           # 数列排列方式
     return n
  else:
     return(recur_fibo(n-1) + recur_fibo(n-2))

nterms = 输出项数                         # 输入项数

if nterms <= 0:                          # 检查数列是否合法
  print(" 输入正数 ")                     # 输入数值
else:
  print(" 斐波那契数列为 :")
  for i in range(nterms):
     print(recur_fibo(i))
```

输出结果如下：

```
输出几项：5
斐波那契数列为：
0
1
1
2
3
```

在 PyCharm 中的运行结果，如图 8.14 所示。

```
1  def recur_fibo(n):  # 输出斐波那契数列
2      if n <= 1:  # 数列排列方式
3          return n
4      else:
5          return (recur_fibo(n - 1) + recur_fibo(n - 2))
6
7
8  nterms = 5  # 输入数值
9
10 if nterms <= 0:  # 检查数列是否合法
11     print("输入正数")
12 else:
13     print("斐波那契数列为:")
14     for i in range(nterms):
15         print(recur_fibo(i))

main ×
D:\pythonProject3\venv\Scripts\python.exe D:/pythonProject3/main.py
斐波那契数列为:
0
1
1
2
3
```

图楼 8.14

案例 15　判断奇数还是偶数

输入数值 11，通过 if 语句判断数值是奇数还是偶数。

```
num = 输入数值                # 输入数值


if (num % 2) == 0:                    # 通过 if 语句判断
  print("{0} 是偶数 ".format(num))
else:                                 # 通过 else 语句判断
  print("{0} 是奇数 ".format(num))
```

输出结果如下：

```
11 是奇数
```

在 PyCharm 中的运行结果，如图 8.15 所示。

```
1   num = 11                    # 输入数值
2
3   if (num % 2) == 0:                        # 通过if语句判断
4       print("{0} 是偶数".format(num))
5   else:
6       print("{0} 是奇数".format(num))
```

```
main ×
D:\pythonProject3\venv\Scripts\python.exe D:/pythonProject3/main.py
11 是奇数

进程已结束，退出代码为 0
```

图 8.15

案例 16　约瑟夫生者死者链队列

这个数列游戏的意思是：一条船上有 30 个人，在航行中遇到了风暴，船长决定必须要牺牲 15 个人才能使船安全，所以就将全船 30 人围成一个圈，从头开始报数，当报到 9 的时候，这个人就需要被牺牲。如此循环，直到船上剩余 15 个人。

问题是编号多少会被牺牲掉？

```
people={}
for x in range(1,31):   #fox 循环 给 30 个人都赋值，初始值为 1。
    people[x]=1
# print(people)
check=0         # 此处 i 为编号，j 为下船的人数。
i=1
```

```
j=0
while i<=31:         # 此处当 i=31 时，设置 i=1。依次循环。
    if i == 31:
        i=1
    elif j == 15:    # j 为下船的人数，当 15 人下船后退出循环。
        break
    else:
        if people[i] == 0:
            i+=1
            continue
        else:
            check+=1
            if check == 9:  # 此处为数到 9 的人设为 0，然后重新开始计数。
                people[i]=0
                check = 0
                print(" 编号 {} 下船了 ".format(i))
                j+=1   # j 为下船人数，下一个人 j 加 1.
            else:
                i+=1
```

输出结果如下：

```
编号 9 下船了
编号 18 下船了
编号 27 下船了
编号 6 下船了
编号 16 下船了
编号 26 下船了
编号 7 下船了
编号 19 下船了
```

```
编号 30 下船了
编号 12 下船了
编号 24 下船了
编号 8 下船了
编号 22 下船了
编号 5 下船了
编号 23 下船了
```

在 PyCharm 中的运行结果，如图 8.16 所示。

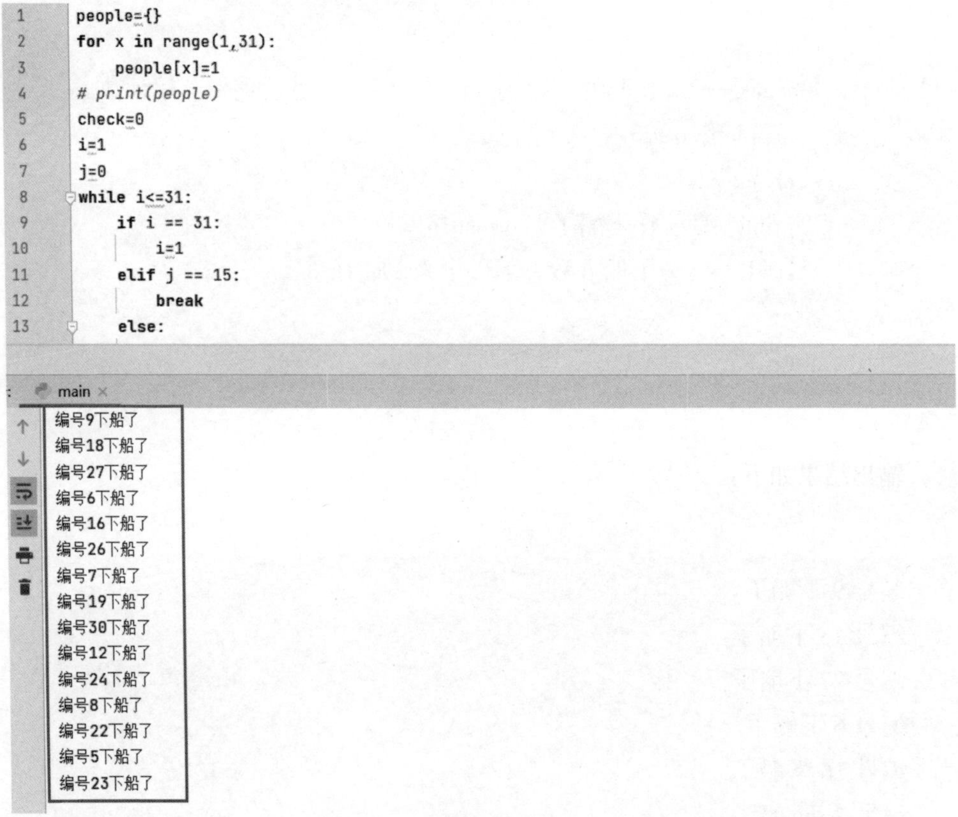

```
1  people={}
2  for x in range(1,31):
3      people[x]=1
4  # print(people)
5  check=0
6  i=1
7  j=0
8  while i<=31:
9      if i == 31:
10         i=1
11     elif j == 15:
12         break
13     else:
```

main

```
编号9下船了
编号18下船了
编号27下船了
编号6下船了
编号16下船了
编号26下船了
编号7下船了
编号19下船了
编号30下船了
编号12下船了
编号24下船了
编号8下船了
编号22下船了
编号5下船了
编号23下船了
```

图 8.16

案例 17　判断某年是否是闰年

输入一个年份：2000。

判断依据：闰年就是在整百年的时候能被 400 整除，或者在非整百年能被 4 整除的年份。

```
num = 输入数值                    # 输入年份
if num%100 == 0:


    if num%400 == 0:                  # 整百年的判断
        print("%s 年是闰年 "%num)    # 利用 if、else 判断
    else:
        print("%s 年不是闰年 "%num)
else:
    if num%4 == 0:                    # 非整百年的判断
        print("%s 年是闰年 "%num)    # 利用 if、else 判断
    else:
        print("%s 年不是闰年 "%num)
```

输出结果如下：

```
2000 年是闰年
```

在 PyCharm 中的运行结果，如图 8.17 所示。

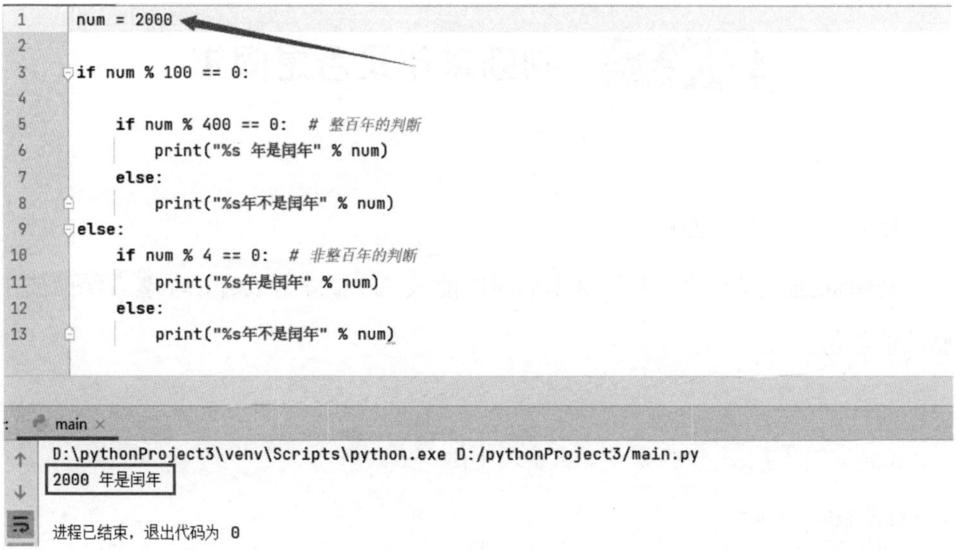

```
1   num = 2000
2
3   if num % 100 == 0:
4
5       if num % 400 == 0:  # 整百年的判断
6           print("%s 年是闰年" % num)
7       else:
8           print("%s年不是闰年" % num)
9   else:
10      if num % 4 == 0:  # 非整百年的判断
11          print("%s年是闰年" % num)
12      else:
13          print("%s年不是闰年" % num)
```

```
main ×
D:\pythonProject3\venv\Scripts\python.exe D:/pythonProject3/main.py
2000 年是闰年

进程已结束，退出代码为 0
```

图 8.17

案例 18　判断该元素是否在列表中

判断数值 88 是否在列表 [10, –8, 25.6, 88, 0, 4] 中。

```
test_list = [ 10, –8, 25.6, 88, 0, 4 ]

print(" 查看 88 是否在列表中 : ")          # 循环数列

for i in test_list:                    # if 判断是否存在
   if(i == 88) :
```

```
    print (" 存在 ")

print(" 查看 88 是否在列表中 : ")        # in 关键词
if (88 in test_list):
print (" 存在 ")                    # 输出
```

输出结果如下：

```
查看 88 是否在列表中 :
存在
查看 88 是否在列表中 ) :
存在
```

在 PyCharm 中的运行结果，如图 8.18 所示。

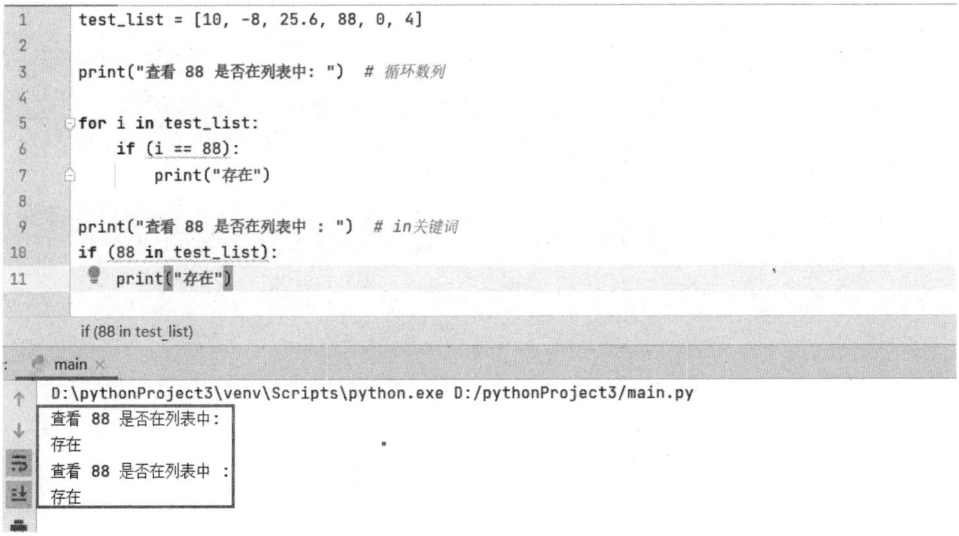

```
1   test_list = [10, -8, 25.6, 88, 0, 4]
2
3   print("查看 88 是否在列表中: ")  # 循环数列
4
5   for i in test_list:
6       if (i == 88):
7           print("存在")
8
9   print("查看 88 是否在列表中 : ")  # in关键词
10  if (88 in test_list):
11      print("存在")

if (88 in test_list)

main ×
D:\pythonProject3\venv\Scripts\python.exe D:/pythonProject3/main.py
查看 88 是否在列表中:
存在
查看 88 是否在列表中 :
存在
```

图 8.18

案例 19　九九乘法表

```
for i in range(1,10):                    # i 是行，j 是列。
  for j in range(1,i+1):                 # 确保内循环中列小于等于列。
    print('%d*%d=%2ld '%(i,j,i*j),end='') # 计算方法，并且确保内容连续。
  print()
```

输出结果如下：

```
1x1=1
1x2=2  2x2=4
1x3=3  2x3=6  3x3=9
1x4=4  2x4=8  3x4=12 4x4=16
1x5=5  2x5=10 3x5=15 4x5=20 5x5=25
1x6=6  2x6=12 3x6=18 4x6=24 5x6=30 6x6=36
1x7=7  2x7=14 3x7=21 4x7=28 5x7=35 6x7=42 7x7=49
1x8=8  2x8=16 3x8=24 4x8=32 5x8=40 6x8=48 7x8=56 8x8=64
1x9=9  2x9=18 3x9=27 4x9=36 5x9=45 6x9=54 7x9=63 8x9=72 9x9=81
```

在 PyCharm 中的运行结果，如图 8.19 所示。

```
for i in range(1,10):
    for j in range(1,i+1):
        print('%d*%d=%2ld '%(i,j,i*j),end='')
    print()
```

```
D:\pythonProject3\venv\Scripts\python.exe D:/pythonProject3/main.py
1*1= 1
2*1= 2 2*2= 4
3*1= 3 3*2= 6 3*3= 9
4*1= 4 4*2= 8 4*3=12 4*4=16
5*1= 5 5*2=10 5*3=15 5*4=20 5*5=25
6*1= 6 6*2=12 6*3=18 6*4=24 6*5=30 6*6=36
7*1= 7 7*2=14 7*3=21 7*4=28 7*5=35 7*6=42 7*7=49
8*1= 8 8*2=16 8*3=24 8*4=32 8*5=40 8*6=48 8*7=56 8*8=64
9*1= 9 9*2=18 9*3=27 9*4=36 9*5=45 9*6=54 9*7=63 9*8=72 9*9=81
```

图 8.19

案例 20　计算数字组合方式

假设三个数字 1、2、3 任意排列，有几种组合方式，分别是什么？

```
sum=0
for a in range(1,4):
    for b in range(1,4):
        for c in range(1,4):
            if a!=b and b!=c and a!=c:
                print(a,b,c)
                sum+=1
print(" 答案为：一共有 ",sum," 种 ")
```

在 PyCharm 中的运行结果，如图 8.20 所示。

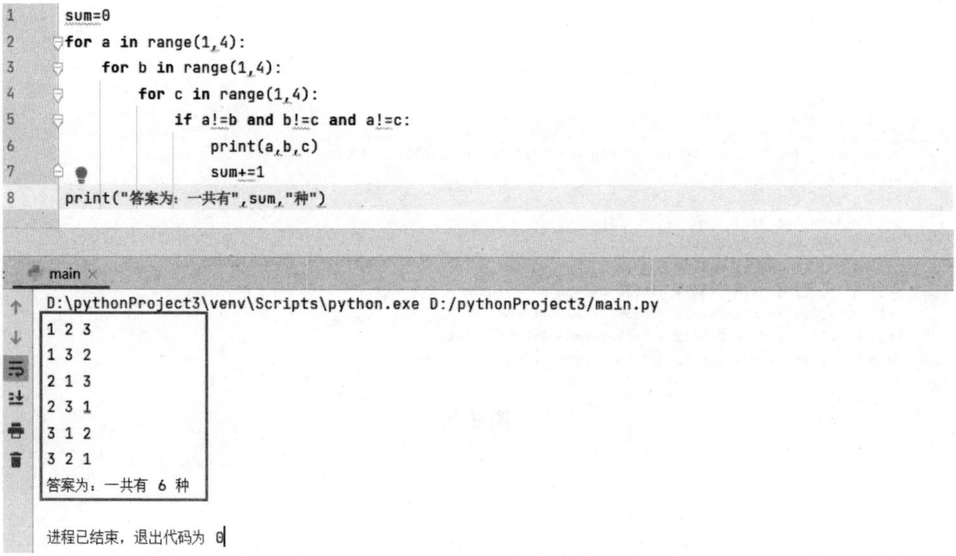

```
1  sum=0
2  for a in range(1,4):
3      for b in range(1,4):
4          for c in range(1,4):
5              if a!=b and b!=c and a!=c:
6                  print(a,b,c)
7                  sum+=1
8  print("答案为：一共有",sum,"种")
```

```
main
D:\pythonProject3\venv\Scripts\python.exe D:/pythonProject3/main.py
1 2 3
1 3 2
2 1 3
2 3 1
3 1 2
3 2 1
答案为：一共有 6 种

进程已结束，退出代码为 0
```

图 8.20

案例 21　求 121 的开方数是多少

```
num = float(121)
num1 = num ** 0.5        # ** 运算符的引用，数值为 0.5.
print(num ," 的开方数为 ",num1)
```

在 PyCharm 中的运行结果，如图 8.21 所示。

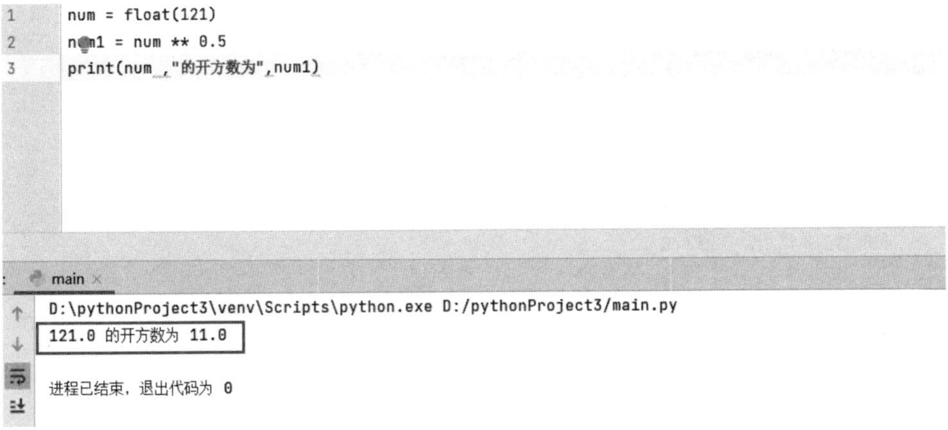

```
1  num = float(121)
2  num1 = num ** 0.5
3  print(num ,"的开方数为",num1)
```

```
main ×
D:\pythonProject3\venv\Scripts\python.exe D:/pythonProject3/main.py
121.0 的开方数为 11.0

进程已结束，退出代码为 0
```

图 8.21

案例 22　计算折后价格

商场原价位 240 元的服装，现 8 折销售，打折后的价格是多少？

```
num = float(240)
num1 = num * 0.8          # * 运算符的应用
print(" 八折后的价格为：",num1)
```

在 PyCharm 中的运行结果，如图 8.22 所示。

```
1    num = float(240)
2    num1 = num * 0.8            #  *运算符的应用
3    print("八折后的价格为：",num1)
```

```
main ×
D:\pythonProject3\venv\Scripts\python.exe D:/pythonProject3/main.py
八折后的价格为： 192.0

进程已结束，退出代码为 0
```

图 8.22

案例 23 创建一个按钮

```
from tkinter import *
def xinlabel():
    global xin
    s = Label(xin, text=' 完成 ')
    s.pack()
xin = Tk()
b1 = Button(xin, text=' 下一步 ', command=xinlabel)
b1.pack()
xin.mainloop()
```

创建后，如图 8.23-1 所示。

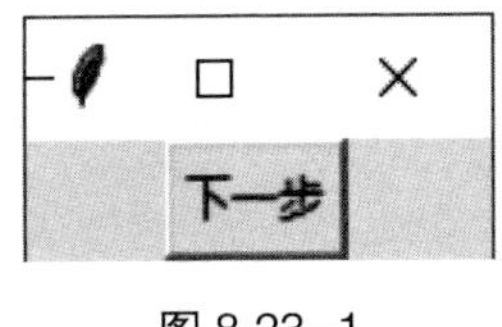

图 8.23-1

点击“下一步”后，如图 8.23-2 所示。

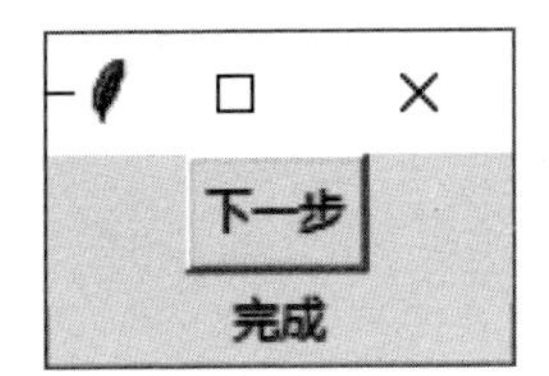

图 8.23-2

案例 24　输出日历

时间设定为 2021 年 5 月。

```
import calendar          # 导入日历
year = int(2021)         # 设定年
moon = int(5)            # 设定月


print(calendar.month(year, moon))  # 输出日历
```

在 PyCharm 中的运行结果，如图 8.24 所示。

```
1  import calendar
2  year = int(2021)
3  moon = int(5)
4
5  print(calendar.month(year, moon))
```

```
main ×
D:\pythonProject3\venv\Scripts\python.exe D:/pythonProject3/main.py
      May 2021
Mo Tu We Th Fr Sa Su
                1  2
 3  4  5  6  7  8  9
10 11 12 13 14 15 16
17 18 19 20 21 22 23
24 25 26 27 28 29 30
31
```

图 8.24

第九章 PyCharm 的安装

PyCharm 是一款非常强大的 Python 编辑器，我们之前运用的所有案例都可以在 PyCharm 中进行编辑。下面，我们详细讲解一下 PyCharm 的下载与安装。

在网页地址栏中输入 PyCharm 的下载地址：https://www.jetbrains.com/pycharm/。进入网站后，点击网页中间的 Download 图标，如图 9.1 所示。

图 9.1　点击网页中间的 Download 图标

在下载界面选择中，会有两个版本，分别为：专业版 professional 和社区版 community，根据自己的需要进行选择即可。如果是针对学习的话建议选择社区版，因为社区版是免费的，方便我们尽快地进入学习状态。

在选择界面中，上面一部分是系统选择，包括 Windows、MAC、Linux 三种系统，我们可以根据自己的电脑配置去选择即可，如图 9.2 所示。

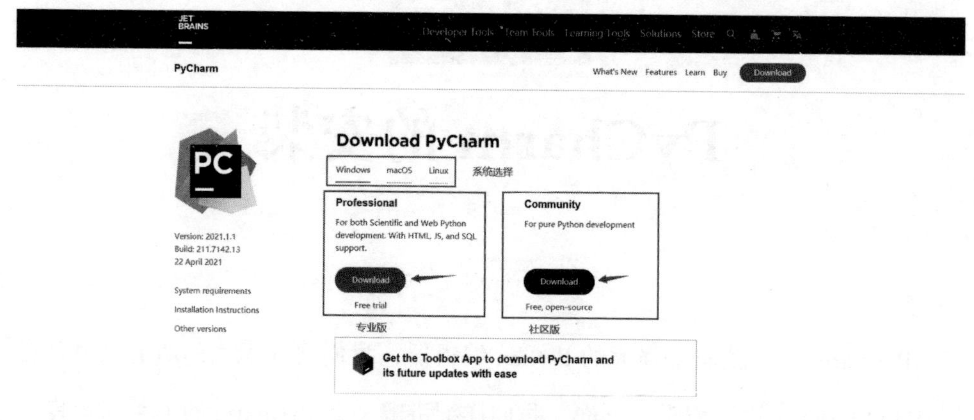

图 9.2　版本与系统选择

点击进入社区版以后，系统会自动跳出下载任务界面，我们可以看到这里的 PyCharm 版本号和下载的地址，而且下载地址是可以修改的，选择我们希望其储存的地址即可，如图 9.3 所示。

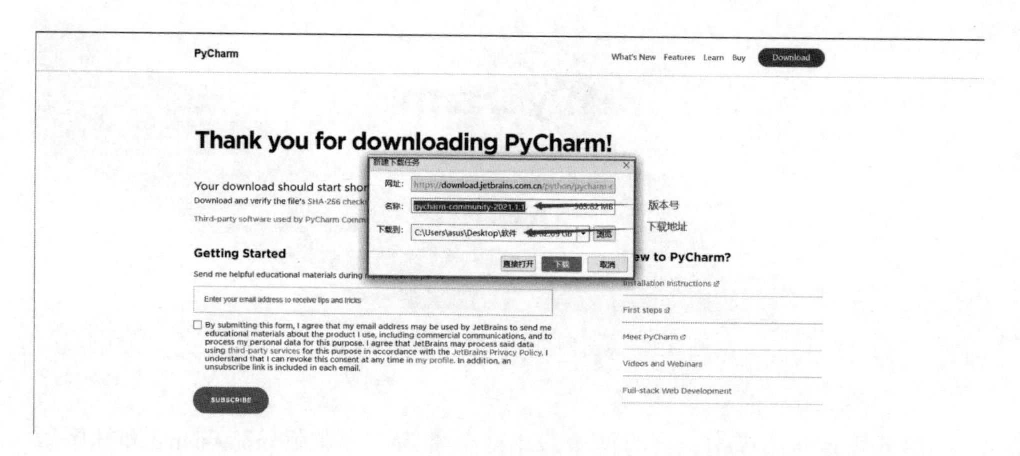

图 9.3　选择储存地址

等到下载完成后，双击软件的安装程序图标，如图 9.4 所示。

图 9.4　双击软件的安装程序图标

点击 Next，开始安装，如图 9.5 所示。

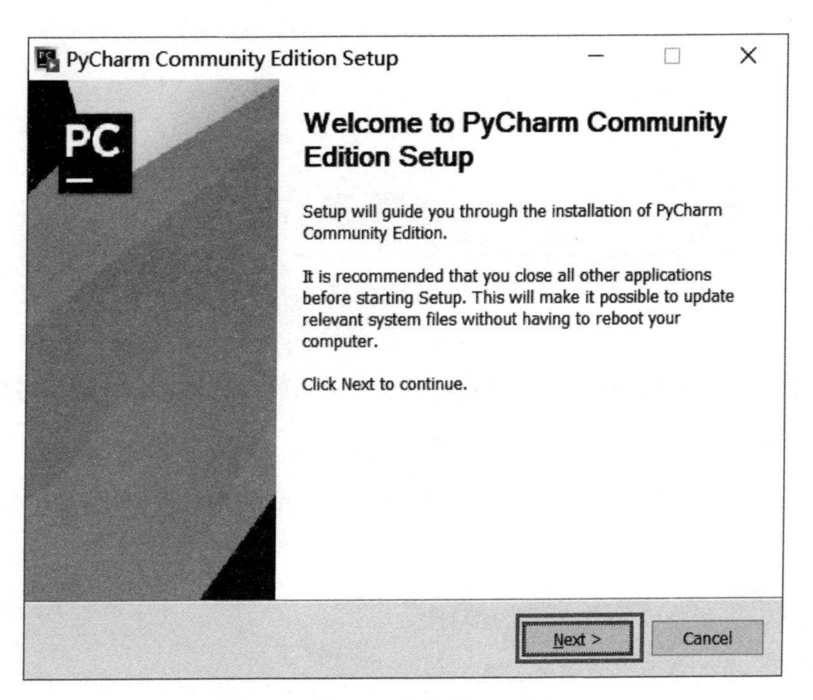

图 9.5　点击 Next

下面就是选择软件的安装地址。这里值得注意的是，PyCharm 的占用空间较大，所以我们需要保证储存的空间必须足够，如图 9.6 所示。

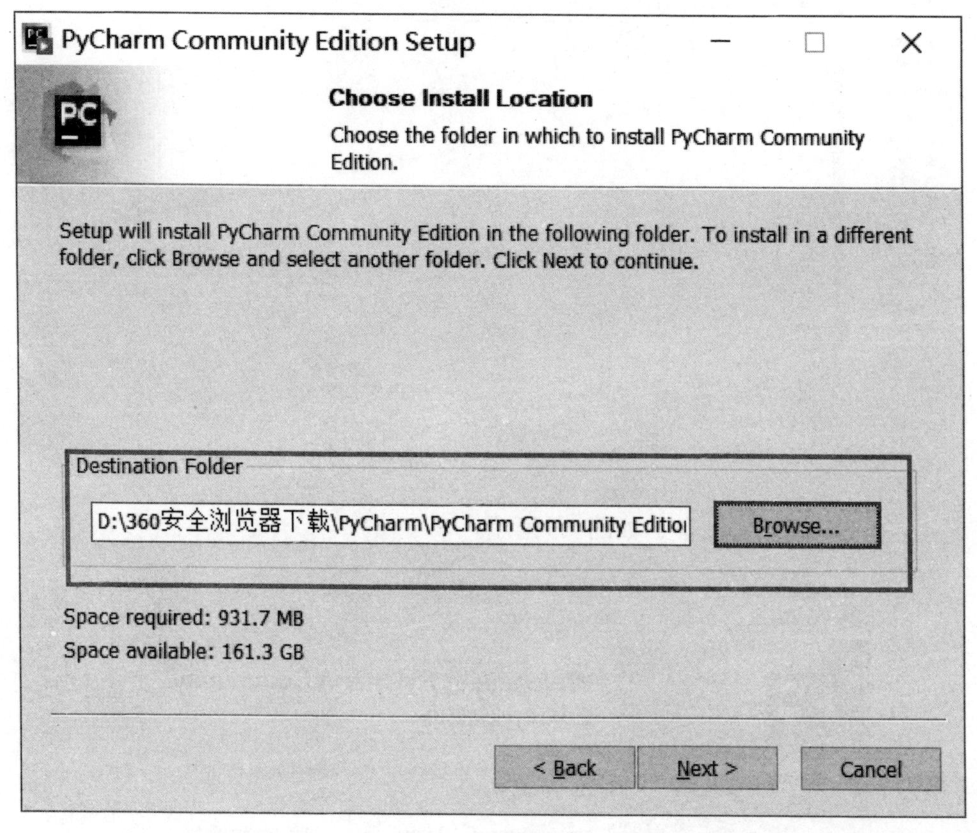

图 9.6 选择储存空间

选择好安装地址以后，就可以点击 Next 进入版本选择界面。我们可以看到现在的选择界面有很多需要我们去勾选的地方：

首先，创建快捷方式：这里我们根据自己电脑的型号选择 32 位还是 64 位即可。

其次，更新路径选项：不需要勾选。

再次，更新菜单：不需要勾选。

最后，创建文件：即创建关联文件，勾选后 Python 文件都是以 PyCharm 文件形式打开。

选择完成后，点击 Next 进入下一个界面，如图 9.7 所示。

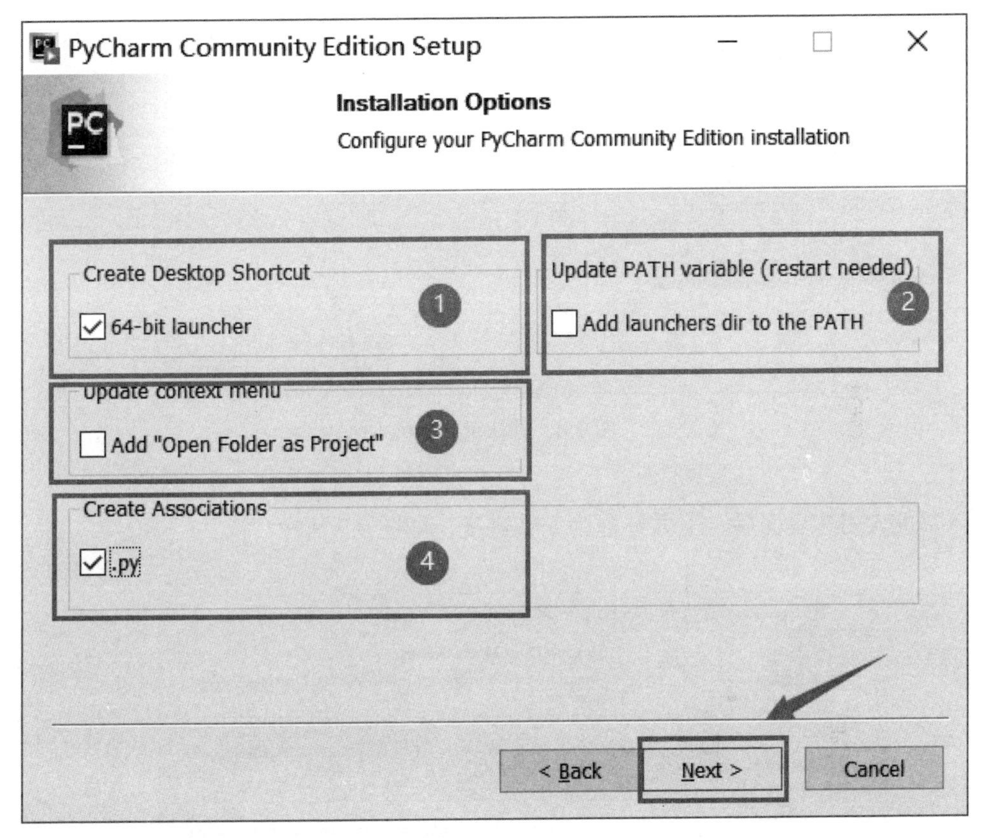

图 9.7　点击 Next

界面默认点击 Install 继续，如图 9.8 所示。

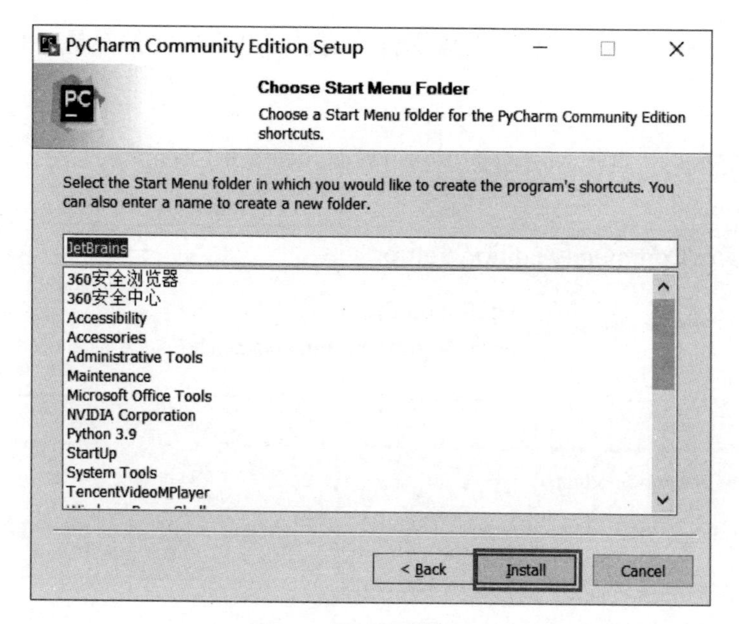

图 9.8　默认点击 Install

进入安装界面后，下方红框为安装进度，如图 9.9 所示。

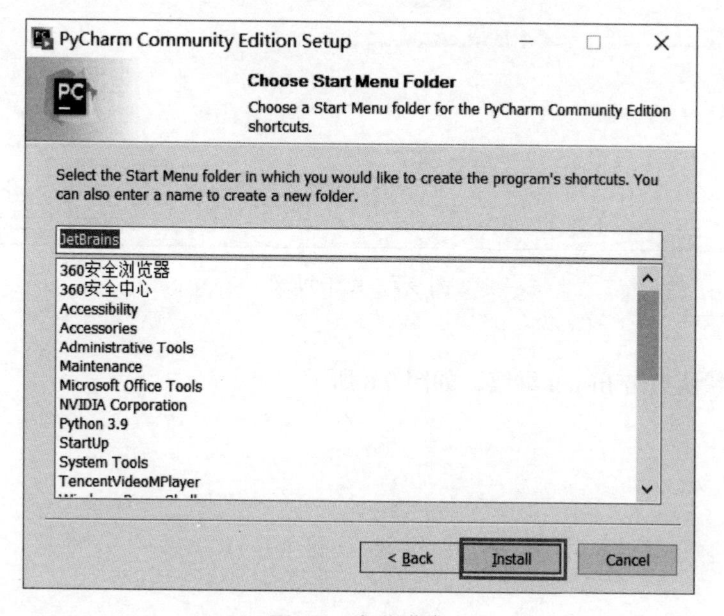

图 9.9　安装进度

安装完成后，点击 Finish 完成安装，如图 9.10 所示。

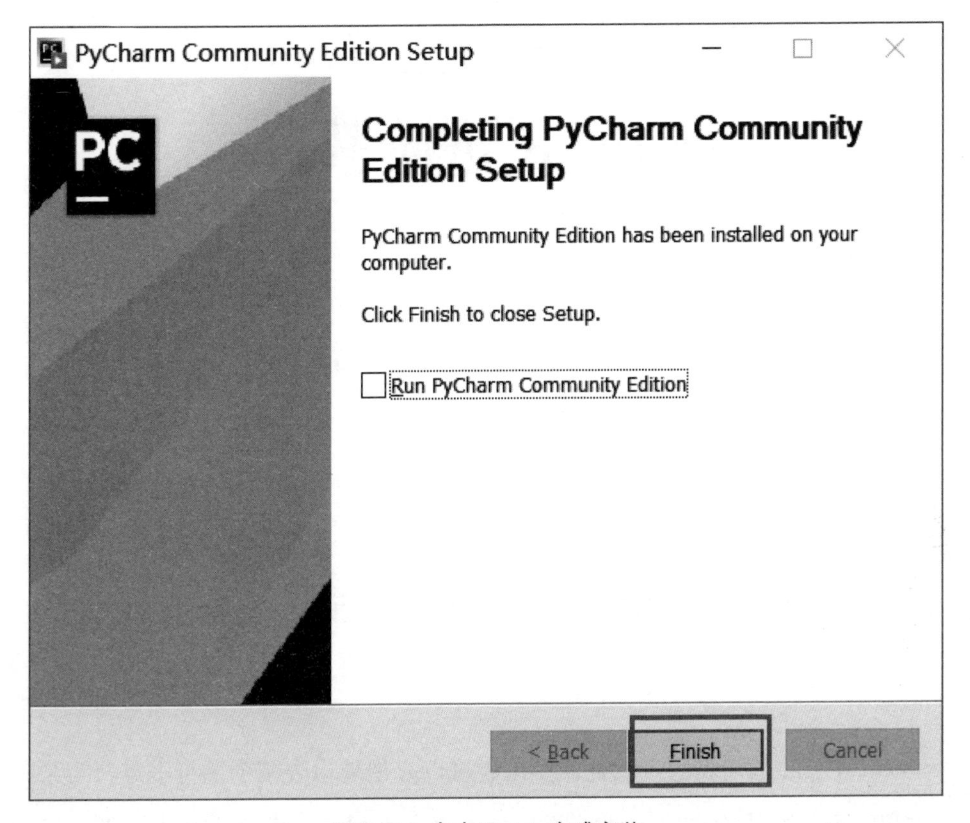

图 9.10　点击 Finish 完成安装

安装完成后，双击桌面上的 PyCharm 图标即可运行。

第十章

Python 进阶教程

在之前的章节当中，我们学习了很多 Python 的基础教程。掌握了 Python 的应用基础后，我们就可以进阶到高级教程当中了。在本章内容中，我们既可以深入研究 Python 的基础教程，也将详细介绍 Python 在实际应用中的操作方法。

10.1 正则表达式

Python 中的正则表达式就是让使用者可以方便地检查某个字符串是否与某种模式相匹配。这种检查功能是通过 re 模块来实现的。re 模块让 Python 拥有了全部的正则表达式的功能。

10.1.1 re.match() 函数

re.match() 函数的作用是从起始位置给字符串匹配一个模式，如果模式不是从起始位置开始的，则返回 none。

语法：

```
re.match(pattern, string, flags=0)
```

解析：

1.pattern：正则表达式的类型。

2.string：需要配备的字符串。

3.flags：为字符串匹配正则表达式的方式。

例如：

```
import re
print(re.match('hello', 'hello python').span())
# hello 为字符的起始位置
print(re.match('python', 'hello python'))
# python 不是字符的起始位置 返回为 none
```

输出结果如下：

```
(0, 5)
None
```

在 PyCharm 中的运行的结果，如图 10.1.1 所示。

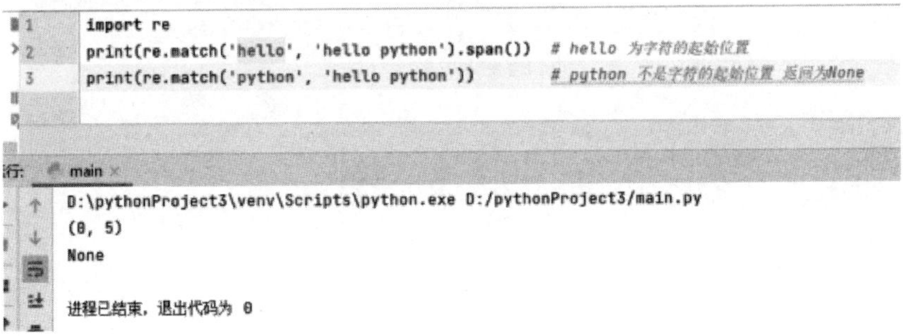

```
1  import re
2  print(re.match('hello', 'hello python').span())  # hello 为字符的起始位置
3  print(re.match('python', 'hello python'))        # python 不是字符的起始位置 返回为None

运行:  main
D:\pythonProject3\venv\Scripts\python.exe D:/pythonProject3/main.py
(0, 5)
None

进程已结束，退出代码为 0
```

图 10.1.1

从上述案例中我们可以看出，在运行 re.match() 函数时，字符串“hello python”的起始检测位置为“hello”。如果从“python”开始检测的话，则返回为“None”。

10.1.2 re.search() 函数

re.search() 函数用于扫描整个字符串，并且会返回到起始位置行进行匹配。

语法：

```
re.search(pattern, string, flags=0)
```

解析：

1.pattern：正则表达式的类型。

2.string：需要配备的字符串。

3.flags：为字符串匹配正则表达式的方式。

例如：

```
import re
print(re.search('hello', 'hello python').span())
# hello 为字符的起始位置，所谓范围为（0.5）
print(re.search('python', 'hello python').span())
# python 是从整段字符的第 6 位开始第 12 位结束
```

输出结果如下：

```
(0, 5)
(6, 12)
```

在 Pycharm 中的运行的结果，如图 10.1.2 所示。

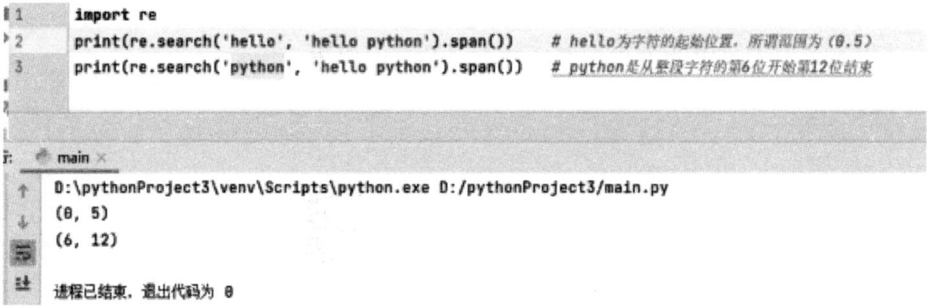

```
1  import re
2  print(re.search('hello', 'hello python').span())    # hello为字符的起始位置，所谓范围为 (0.5)
3  print(re.search('python', 'hello python').span())   # python是从整段字符的第6位开始第12位结束

main ×
D:\pythonProject3\venv\Scripts\python.exe D:/pythonProject3/main.py
(0, 5)
(6, 12)

进程已结束，退出代码为 0
```

图 10.1.2

从上述案例中我们可以看到，“hello”是从整段字符的起始位置开始的，所以结果为“0、5”。但是“Python”是从整段字符的第 6 位开始并且在第 12 位结束，所以运行结果为“6、12”。

从上述的两个实例中我们也不难看出，re.match 函数和 re.search 函数的区别。re.match 函数只能从开始位置匹配模式，如果不是从起始位置开始的话，则直接匹配失败返回为 None；re.search 函数则可以匹配整段字符串。

10.1.3　re.sub() 函数

re.sub() 函数可以替换字符串中的字符。

语法：

```
re.sub(pattern, repl, string, count=0, flags=0)
```

解析：

1.pattern：正则表达式的类型。

2.repl：替换的字符串，或者也可以是某个函数。

3.string：需要配备的字符串。

4.count=0：替换的次数。

5.flags：为字符串匹配正则表达式的方式。

例如：

```
import re
phone = "china：+86 010-1234567"


# 删除字符串中非数字的部分
print("Tel: ",re.sub(r'\D', "", "+86 010-1234567"))
# 整理程序后：
num = re.sub(r'\D', "", phone)
print("Tel: ", num)
```

输出结果如下：

```
Tel: 860101234567
Tel: 860101234567
```

在 Pycharm 中的运行的结果，如图 10.1.3 所示。

```
1  import re
2  phone = "china: +86 010-1234567"
3
4  #删除字符串中非数字的部分
5  print("Tel: ",re.sub(r'\D', "", "+86 010-1234567"))
6  #整理程序后:
7  num = re.sub(r'\D', "", phone)
8  print("Tel: ", num)

main
D:\pythonProject3\venv\Scripts\python.exe D:/pythonProject3/main.py
Tel:  860101234567
Tel:  860101234567

进程已结束，退出代码为 0
```

图 10.1.3

10.1.4 模式字符串

模式字符串可以使用一些特殊的语法来表示一个正则表达式，模式字符串的种类有很多，并且具有一些相同的特性：

1. 大部分的字母或者数字前加上反斜杠时所拥有的含义就会改变。

2. 数字和字母代表的含义是自身，而且同一个正则表达式模式中的数字和字母都匹配同样的字符串。

3. 标点符号只有在被转义时才会匹配自身。

4. 反斜杠本身需要反斜杠进行转义。

5. 模式字符串需要使用一个特殊的语法来表示一个正则表达式。

下表中就列出了部分特殊符号代表的正则表达式。

表 10-1 部分特殊符号代表的正则表达式

符号	含 义
^	模式从字符串开始匹配
$	模式从字符串尾部匹配
.	除了换行符以外，匹配其他任意字符，但是当 re.DOTALL 标记被指定时，同样匹配换行符
[...]	单独列出一个字符串内的所有字符
re*	匹配最少为 0 个的表达式
re+	匹配最少为 1 个的表达式
a| b	匹配 a 或者 b
(re)	匹配括号内的表达式
(?#...)	注释
\w	匹配数字和字符下划线
\W	匹配非数字和字符下划线
\s	匹配任意空白字符
\S	匹配任意非空白的字符
\d	匹配任意数字
\D	匹配任意非数字
\A	匹配字符串的开始
\z	匹配字符串的结束
\Z	匹配字符串的结束，结束范围到换行之前的结束字符串
\1...\9	匹配第 N 个分组的内容
\10	匹配第 N 个分组的内容，如果无法匹配则指的是八进制字符码的表达式

10.1.5 正则表达式修饰符

正则表达式可以通过一些标志修饰符来控制匹配的模式。

下表中列出了正则表达式修饰符以及对应的功能。

表 10-2　正则表达式修饰符以及对应的功能

修饰符	功能
re.I	字符的大小写不会影响匹配模式的进行
re.L	本地识别匹配
re.S	匹配所有的字符
re.M	多行匹配，影响的范围是 ^ 和 $
re.U	U 代表 Unicode 字符集，通过该字符集解析字符，影响范围是 \w, \W, \b, \B.
re.X	将表达式改为便于理解的正则表达式

10.2 通过 Python 处理时间和日期

Python 在处理时间和日期上有很多种方式，包括转换日期格式、time 和 calendar 模块等。这里需要注意的是，时间的间隔是以秒为单位的浮点小数，时间戳都是自 1970 年 1 月 1 日的午夜开始计算。

10.2.1 time.time() 模块

time.time() 模块表示捕获当前的时间戳。

例如：

```
import time  # 添加 time 模块

ticks = time.time()
```

```
print ("2021 年 9 月 2 日 20 点 32 分的时间戳为 :", ticks)
```

输出结果如下：

```
2021 年 9 月 2 日 20 点 32 分的时间戳为 : 1630585960.4271593
```

在 Pycharm 中的运行的结果，如图 10.2.1 所示。

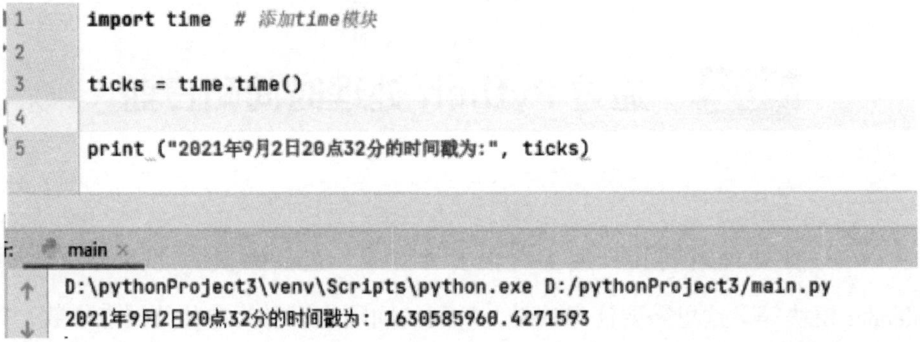

```
1  import time  # 添加time模块
2
3  ticks = time.time()
4
5  print ("2021年9月2日20点32分的时间戳为:", ticks)
```

```
main
D:\pythonProject3\venv\Scripts\python.exe D:/pythonProject3/main.py
2021年9月2日20点32分的时间戳为: 1630585960.4271593
```

图 10.2.1

10.2.2 localtime() 函数

localtime() 函数用于捕获当前的时间。

例如：

```
import time  # 添加 time 模块

localtime = time.localtime(time.time())
```

```
print (" 当前时间为 :", localtime)
```

输出结果如下：

```
当前时间为 : time.struct_time(tm_year=2021, tm_mon=9, tm_mday=2, tm_hour=20,
tm_min=36, tm_sec=50, tm_wday=3, tm_yday=245, tm_isdst=0)
```

在 Pycharm 中的运行的结果，如图 10.2.2 所示。

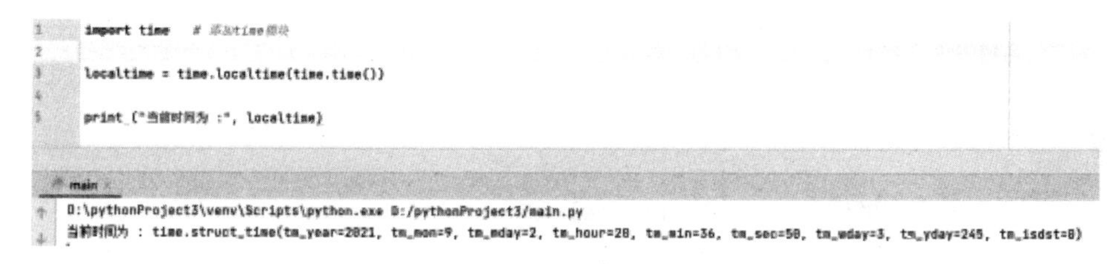

图 10.2.2

通过 localtime() 函数我们得出的时间为 2021 年 9 月 2 日，20 点 36 分 50 秒，星期四，全年的第 245 天。

10.2.3　asctime(): 函数

asctime(): 函数也可以捕获当前的时间。

例如：

```
import time   # 添加 time 模块

localtime = time.asctime( time.localtime(time.time()) )
```

```
print (" 当前时间为 :", localtime)
```

输出结果如下：

```
当前时间为 : Thu Sep  2 20:41:24 2021
```

在 Pycharm 中的运行的结果，如图 10.2.3 所示。

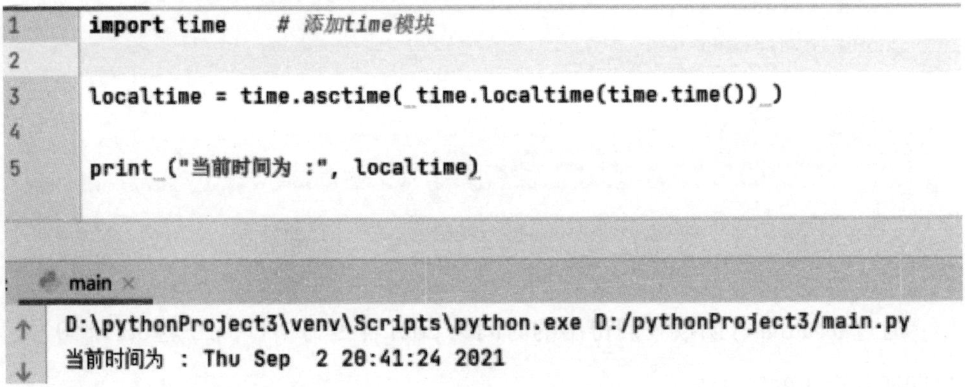

```
1  import time     # 添加time模块
2
3  localtime = time.asctime( time.localtime(time.time()) )
4
5  print ("当前时间为 :", localtime)
```

```
main
D:\pythonProject3\venv\Scripts\python.exe D:/pythonProject3/main.py
当前时间为 : Thu Sep  2 20:41:24 2021
```

图 10.2.3

10.2.4 时间元组

Python 函数在处理时间时，通常会用 9 组数字组成的时间元组来表示。下表显示了 9 组数字的位置、字段、范围值和属性。

表 10-3　9 组数字的位置、字段、范围值和属性

位置	字段	范围值	属性
1	年	四位年数，例如 2021	tm_year
2	月	1 月到 12 月	tm_mon
3	日	1 日到 31 日	tm_mday
4	小时	0 时到 23 时	tm_hour
5	分钟	0 分到 59 分	tm_min
6	秒数	0 秒到 61 秒	tm_sec
7	1 周的第几天	周一到周日，0 代表周一	tm_wday
8	1 年的第几天	1 天到 366 天	tm_yday
9	夏令时	表示为 -1、0、1、-1	tm_isdst

10.2.5　strftime 函数

strftime() 函数用来格式化当前的时间。

例如：

```
import time
# 添加 time 模块
ticks = time.time()
# 时间戳模式
print (" 当前时间戳为 :", ticks)
# 格式化另外一种时间形式
print(time.strftime(" 当前时间为：%Y-%m-%d %H:%M:%S", time.localtime()))
```

输出结果如下：

当前时间戳为：1630588264.636612

当前时间为：2021–09–02 21:11:04

在 Pycharm 中的运行的结果，如图 10.2.4 所示。

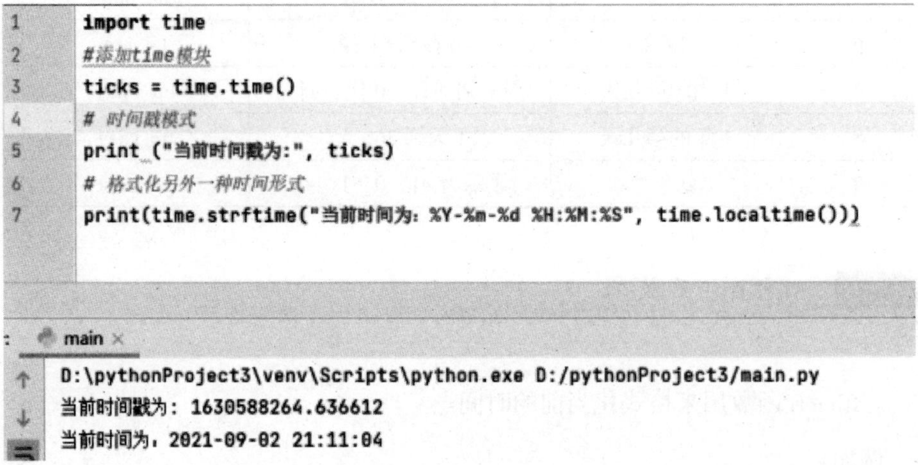

```
1  import time
2  #添加time模块
3  ticks = time.time()
4  # 时间戳模式
5  print ("当前时间戳为:", ticks)
6  # 格式化另外一种时间形式
7  print(time.strftime("当前时间为: %Y-%m-%d %H:%M:%S", time.localtime()))
```

```
main ×
D:\pythonProject3\venv\Scripts\python.exe D:/pythonProject3/main.py
当前时间戳为: 1630588264.636612
当前时间为, 2021-09-02 21:11:04
```

图 10.2.4

下表中是 Python 中时间格式化的符号的含义和范围。

表 10–4　Python 中时间格式化的符号含义及范围

符号	含义	范围
%y	两位数年份	00–99
%Y	四位数年份	000–9999
%m	月份	01–12
%d	每月中的某天	0–31
%H	小时数（24 小时制）	0–23
%I	小时数（12 小时制）	0–11

续表

符号	含义	范围
%M	分钟数	00–59
%S	秒数	00–59
%a	星期（简化）	
%A	星期（完整）	
%b	月份（简化）	
%B	月份（完整）	
%c	对应的日期和时间表示	
%j	全年的某一天	001–366
%U	一年中的星期数，周日开始	00–53
%w	星期	0–6
%W	一年中的星期数，周一开始	00–53
%x	日期表示	
%X	时间表示	
%Z	时区	
%%	% 号	

10.3 Pip 工具

Pip 可以实现对 Python 包的管理，包括包的查找、下载、安装等功能。这里值得注意的是，需要安装 Python3.4+ 以上的版本才会自带 Pip 工具。

以下列出了 Pip 工具实现管理功能的命令：

1. 检查 Pip 是否安装。

检查 Pip 工具是否已经安装：

```
Pip--version
```

2. 检查已经安装的包。

```
Pip list
```

3. 下载安装包。

```
Pip install some-package-name
```

4. 删除、卸载安装包。

```
Pip uninstall some-package-name
```

10.4 Python OS 模块

在 Python 中，OS 模块提供了非常丰富的处理文件的方法，下表中列出了一部分常用的方法。

10-4 OS 模块常用处理文件方法

编号	函数	含义
1	os.chdir(path)	改变当前工作的目录
2	os.chflags(path, flags)	设置为数字标记

续表

编号	函数	含义
3	os.chmod(path, mode)	更改权限
4	os.chown(path, uid, gid)	更改文件所有者
5	os.chroot(path)	更改根目录
6	os.dup(fd)	复制描述符
7	os.fsync(fd)	强制将 fd 写入硬盘
8	os.getcwd()	返回当前目录
9	os.lchmod(path, mode)	修改链接文件的权限
10	os.lchown(path, uid, gid)	更改所有者，但不追踪链接
11	os.link(src, dst)	创建链接
12	os.mkfifo(path[, mode])	创建命名管道
13	os.open(file, flags[, mode])	打开一个文件
14	os.pipe()	创建一个管道
15	os.popen(command[, mode[, bufsize]])	从 command 打开一个管道
16	os.readlink(path)	返回一个软链接指向的文件
17	os.removedirs(path)	递归删除目录
18	os.rename(src, dst)	重命名
19	os.symlink(src, dst)	创建一个软链接
20	os.ttyname(fd)	返回一个字符串
21	os.unlink(path)	删除路径
22	os.path 模块	获取文件属性
23	os.pardir()	获取子目录的父目录

第十一章

Python 常用内置函数解析

表 11-1　常用内置函数列表

abs()	min()	next()	sorted()	ascii()
int()	sum()	issubclass()	pow()	chr()
frozenset()	list()	range()	reversed()	

11.1　abs() 函数

作用：abs() 函数用于返回数字的绝对值。

语法：

```
abs( x )
```

解析：

x：代表整数、复数、浮点数。

案例：

```
print ("-10 的绝对值为 ", abs(-10))
print ("10.10 的绝对值为 : ", abs(10.10))
```

输出结果如下：

```
-10 的绝对值为  10
10.10 的绝对值为： 10.1
```

在 PyCharm 中的运行的结果，如图 11.1.1 所示。

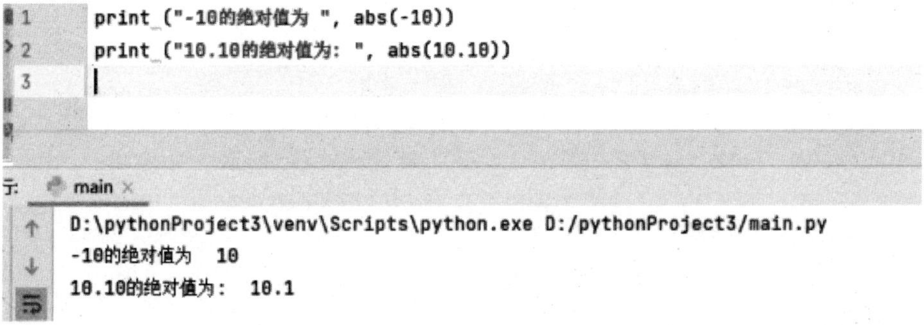

```
1    print (“-10的绝对值为 ”, abs(-10))
2    print (“10.10的绝对值为: ”, abs(10.10))
3
main ×
D:\pythonProject3\venv\Scripts\python.exe D:/pythonProject3/main.py
-10的绝对值为  10
10.10的绝对值为:  10.1
```

图 11.1.1

11.2　min() 函数

作用：min() 函数用于返回给定参数的最小值，参数可以为序列。

语法：

```
min( x, y, z, .... )
```

解析：

x：表示第一个数值。

y：表示第二个数值。

z：表示第三个数值。

返回值：返回给定参数的最小值。

案例：

```
print ("(-10, 10, 1 ）的最小值 : ", min(-10, 10, 1))
print ("(-100,-20,-200 ）的最小值 : ", min(-100,-20,-200))
print ("(0, 10, -10 ）的最小值 : ", min(-80, -20, -10))
```

输出结果如下：

```
(-10, 10, 1 ）的最小值： -10
(-100,-20,-200 ）的最小值： -200
(0, 10, -10 ）的最小值： -80
```

在 PyCharm 中的运行的结果，如图 11.2.1 所示。

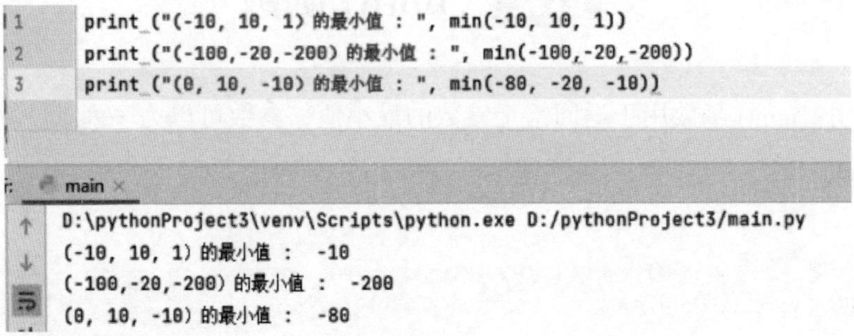

```
1  print ("(-10, 10, 1) 的最小值 : ", min(-10, 10, 1))
2  print ("(-100,-20,-200) 的最小值 : ", min(-100,-20,-200))
3  print ("(0, 10, -10) 的最小值 : ", min(-80, -20, -10))

main ×
D:\pythonProject3\venv\Scripts\python.exe D:/pythonProject3/main.py
(-10, 10, 1) 的最小值 :  -10
(-100,-20,-200) 的最小值 :  -200
(0, 10, -10) 的最小值 :  -80
```

图 11.2.1

11.3 next() 函数

next() 函数需要和生成迭代器的 iter() 函数一起使用。

作用：next() 用于返回迭代器的下一个项目。

语法：

```
next(iterable[, default])
```

解析：

iterable：可迭代对象。

default：可选，用于设置在没有下一个元素时返回该默认值。如果不设置，又没有下一个元素则会触发 StopIteration 异常。

返回值：返回下一个项目。

案例：

```
it = iter([0, 1, 2, 3])
while True:              # 进入循环
    try:
        x = next(it)
        print(x)
    except StopIteration:  # 遇到 StopIteration 就退出
        break
```

输出结果如下：

```
1
2
3
```

在 PyCharm 中的运行的结果，如图 11.3.1 所示。

```
1  it = iter([0, 1, 2, 3])
2  while True:                    # 进入循环
3      try:
4          x = next(it)
5          print(x)
6      except StopIteration:  # 遇到StopIteration就退出
7          break
```

while True　except StopIteration

main ×

```
D:\pythonProject3\venv\Scripts\python.exe D:/pythonProject3/main.py
0
1
2
3
```

图 11.3.1

11.4 sorted() 函数

作用：sorted() 函数的作用是对所有可迭代的对象进行排序。

语法：

```
sorted(iterable, key=None, reverse=False)
```

解析：

iterable：可迭代的对象。

key：用于比较的元素。

reverse：排序规则。

reverse = True：代表降序。

reverse = False：代表升序。

案例：

```
sorted([5, 4, 3, 2, 1, 0])
[0, 1, 2, 3, 4, 5]                #默认为升序
```

利用 key 进行倒序排序：

```
example_list = [0, 5, 3, 1, 2, 4]
 result_list = sorted(example_list, key=lambda x: x*-1)
 print(result_list)
[5, 4, 3, 2, 1, 0]
```

要进行反向排序，也可通过传入第三个参数 reverse=True：

```
example_list = [0, 5, 3, 1, 2, 4]
2sorted(example_list, reverse=True)
[5, 4, 3, 2, 1, 0]
```

11.5 ascii() 函数

作用：ascii() 函数用于返回一个表示对象的字符串。

语法：

```
ascii(object)
```

解析：

object：代表对象。

案例：

```
ascii('python')
"'python'"
```

11.6 int() 函数

作用：int() 函数用于将一个字符串或数字转换为整型。

语法：

```
class int(x, base=10)
```

解析：

x：字符串或数字。

base：进制数，默认十进制。

返回值：返回整型数据。

案例：

```
>>>int()            # 不传入参数时，得到结果 0
0
>>> int(3)
3
>>> int(3.6)
3
>>> int('12',16)    # 如果是带参数 base 的话，12 要以字符串的形式进行输入，12 为 16 进制
18
>>> int('0xa',16)
10
>>> int('10',8)
8
```

11.7 sum() 函数

作用：sum() 函数用于对序列进行求和。。

语法：

```
sum(iterable[, start])
```

解析：

iterable：可迭代对象。

start：被相加的参数。

案例：

```
sum((0,1,2))
print (sum((0,1,2)))
```

在 PyCharm 中的运行的结果，如图 11.7.1 所示。

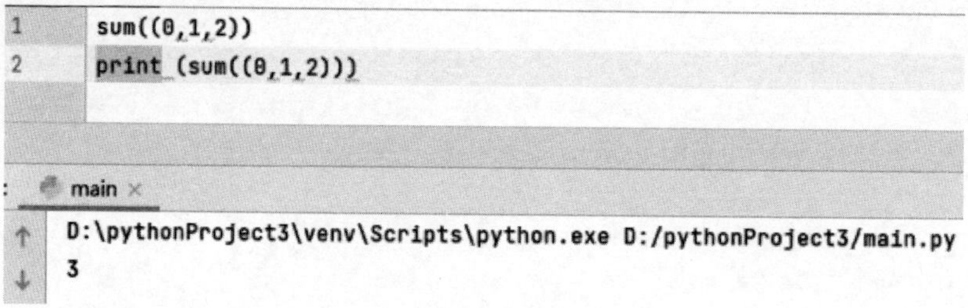

```
1  sum((0,1,2))
2  print (sum((0,1,2)))

main ×
D:\pythonProject3\venv\Scripts\python.exe D:/pythonProject3/main.py
3
```

图 11.7.1

11.8 issubclass() 函数

作用：issubclass() 函数用于判断参数是否是类型参数 classinfo 的子类。

语法：

```
issubclass(class, classinfo)
```

解析：

class：类。

classinfo：类。

返回值：如果 class 是 classinfo 的子类返回 True，否则返回 False。

案例：

```
class A:
    pass
class B(A):
    pass

print(issubclass(B,A))   # 返回 True
```

输出结果如下：

```
True
```

在 PyCharm 中的运行的结果，如图 11.8.1 所示。

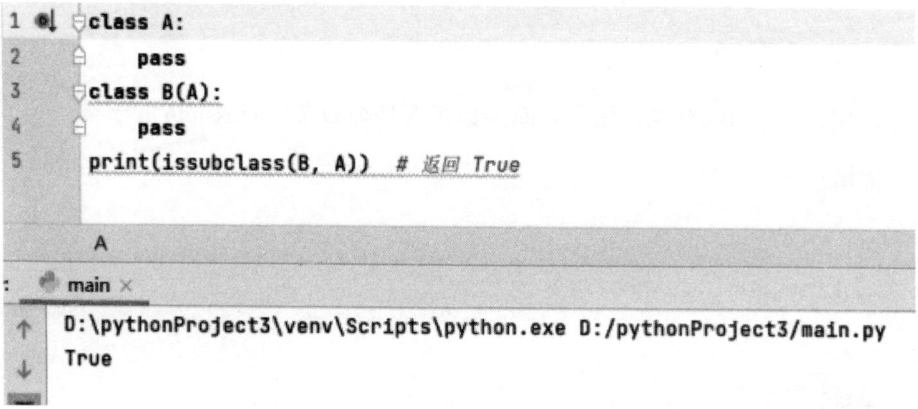

```
1  class A:
2      pass
3  class B(A):
4      pass
5  print(issubclass(B, A))  # 返回 True

   A
main ×
D:\pythonProject3\venv\Scripts\python.exe D:/pythonProject3/main.py
True
```

图 11.8.1

11.9 pow() 函数

作用：pow() 函数用于返回 x 的 y 次方的值。

math 模块 pow() 方法的语法：

```
import math

math.pow( x, y )
```

内置的 pow() 方法：

```
pow(x, y[, z])
```

解析：

x：数值。

y：数值。

z：数值。

案例：

```
import math  # 导入 math 模块


print ("math.pow(100, 2) : ", math.pow(100, 2))
# 使用内置，查看输出结果区别
print ("pow(100, 2) : ", pow(100, 2))
print ("math.pow(100, -2) : ", math.pow(100, -2))
print ("math.pow(2, 4) : ", math.pow(2, 4))
print ("math.pow(3, 0) : ", math.pow(3, 0))
```

输出结果如下：

```
math.pow(100, 2) :  10000.0
pow(100, 2) :  10000
math.pow(100, -2) :  0.0001
math.pow(2, 4) :  16.0
math.pow(3, 0) :  1.0
```

在 PyCharm 中的运行的结果，如图 11.9.1 所示。

```
1  import math   # 导入 math 模块
2
3  print ("math.pow(100, 2) : ", math.pow(100, 2))
4  # 使用内置，查看输出结果区别
5  print ("pow(100, 2) : ", pow(100, 2))
6  print ("math.pow(100, -2) : ", math.pow(100, -2))
7  print ("math.pow(2, 4) : ", math.pow(2, 4))
8  print ("math.pow(3, 0) : ", math.pow(3, 0))
```

```
main ×
D:\pythonProject3\venv\Scripts\python.exe D:/pythonProject3/main.py
math.pow(100, 2) :  10000.0
pow(100, 2) :  10000
math.pow(100, -2) :  0.0001
math.pow(2, 4) :  16.0
math.pow(3, 0) :  1.0
```

图 11.9.1

11.10 chr() 函数

作用：chr() 函数用一个整数作参数，用于返回一个对应的字符。

语法：

```
chr(i)
```

解析：

i：可以是 10 进制也可以是 16 进制的形式的数字，数字范围为 0 到 1,114,111 (16

进制为 0x10FFFF)。

返回值：返回值是当前整数对应的 ASCII 字符。

案例：

```
>>>chr(0x30)
'0'
>>> chr(97)
'a'
>>> chr(8364)
'€'
```

11.11 frozenset() 函数

作用：frozenset() 函数用于返回一个冻结的集合，冻结后集合不能再添加或删除任何元素。

语法：

```
class frozenset([iterable])
```

解析：

iterable：可迭代的对象，比如列表、字典、元组等。

返回值：返回新的 frozenset 对象，如果不提供任何参数，默认会生成空集合。

案例：

```
>>>a = frozenset(range(10))    # 生成一个新的不可变集合
>>> a
frozenset([0, 1, 2, 3, 4, 5, 6, 7, 8, 9])
>>> b = frozenset('runoob')
>>> b
frozenset(['b', 'r', 'u', 'o', 'n'])  # 创建不可变集合
>>>
```

11.12 list() 函数

作用：list() 函数用于将元组或字符串转换为列表。

需要注意的是，元组与列表是非常类似的，区别在于元组的元素值不能修改，元组是放在括号中，列表是放于方括号中。

语法：

```
list( seq )
```

解析：

seq：要转换为列表的元组或字符串。

返回值：返回列表。

案例：

```
aTuple = (123, 'Google', 'Baidu')
```

```
list1 = list(aTuple)
print (" 列表元素 : ", list1)


str="Hello World"
list2=list(str)
print (" 列表元素 : ", list2)
```

输出结果如下：

```
列表元素 : [123, 'Google', 'Baidu']
列表元素 : ['H', 'e', 'l', 'l', 'o', ' ', 'W', 'o', 'r', 'l', 'd']
```

在 PyCharm 中的运行的结果，如图 11.12.1 所示。

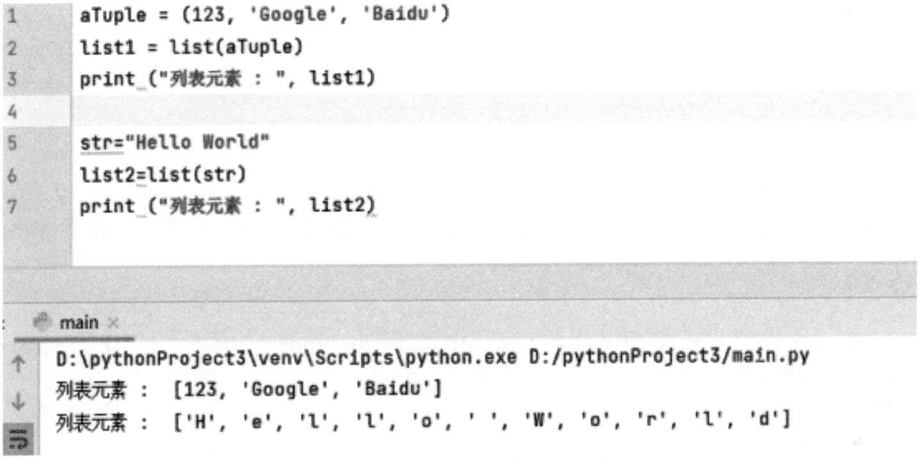

```
1  aTuple = (123, 'Google', 'Baidu')
2  list1 = list(aTuple)
3  print ("列表元素 : ", list1)
4
5  str="Hello World"
6  list2=list(str)
7  print ("列表元素 : ", list2)

main ×
D:\pythonProject3\venv\Scripts\python.exe D:/pythonProject3/main.py
列表元素 :  [123, 'Google', 'Baidu']
列表元素 :  ['H', 'e', 'l', 'l', 'o', ' ', 'W', 'o', 'r', 'l', 'd']
```

图 11.12.1

11.13 range() 函数

作用：Python3 range() 函数返回的是一个可迭代对象（类型是对象），而不是列表类型，所以打印的时候不会打印列表。

Python3 list() 函数是对象迭代器，可以把 range() 函数返回的可迭代对象转换为一个列表，返回的变量类型为列表。

Python2 range() 函数返回的是列表。

语法：

```
range(stop)
range(start, stop[, step])
```

解析：

start：计数从 start 开始。默认是从 0 开始。例如：range（5）等价于 range（0，5）。

stop：计数到 stop 结束，但不包括 stop。例如：range（0，5）是 [0, 1, 2, 3, 4] 没有 5。

step：步长，默认为 1。例如：range（0，5）等价于 range(0, 5, 1)。

案例：

```
>>>range(5)
range(0, 5)
```

```
>>> for i in range(5):
...     print(i)
...
0
1
2
3
4
>>> list(range(5))
[0, 1, 2, 3, 4]
>>> list(range(0))
[]
>>>
```

有两个参数或三个参数的情况（第二种构造方法）：

```
>>>list(range(0, 30, 5))
[0, 5, 10, 15, 20, 25]
>>> list(range(0, 10, 2))
[0, 2, 4, 6, 8]
>>> list(range(0, -10, -1))
[0, -1, -2, -3, -4, -5, -6, -7, -8, -9]
>>> list(range(1, 0))
[]
>>>
>>>
```

11.14 reversed() 函数

作用：reversed() 函数用于返回一个反转的迭代器。

语法：

```
reversed(seq)
```

解析：

seq：要转换的序列，可以是 tuple、string、list 或 range。

返回值：返回一个反转的迭代器。

案例：

```
seqString = 'Python'            # 字符串
print(list(reversed(seqString)))

seqTuple = ('P', 'y', 't', 'h', 'o', 'n') # 元组
print(list(reversed(seqTuple)))

seqList = [1, 2, 4, 3, 5]    # 列表
print(list(reversed(seqList)))
```

输出结果如下：

```
['n', 'o', 'h', 't', 'y', 'P']
['n', 'o', 'h', 't', 'y', 'P']
[5, 3, 4, 2, 1]
```

在 PyCharm 中的运行的结果，如图 11.14.1 所示。

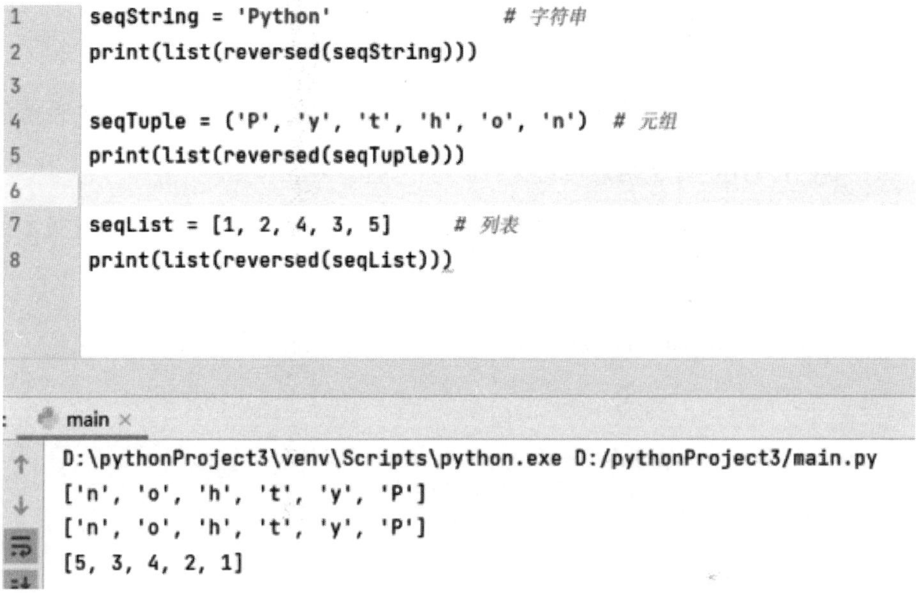

```
1  seqString = 'Python'                # 字符串
2  print(list(reversed(seqString)))
3
4  seqTuple = ('P', 'y', 't', 'h', 'o', 'n')  # 元组
5  print(list(reversed(seqTuple)))
6
7  seqList = [1, 2, 4, 3, 5]       # 列表
8  print(list(reversed(seqList)))

main ×
D:\pythonProject3\venv\Scripts\python.exe D:/pythonProject3/main.py
['n', 'o', 'h', 't', 'y', 'P']
['n', 'o', 'h', 't', 'y', 'P']
[5, 3, 4, 2, 1]
```

图 11.14.1

附录 1

Linux 安装环境[1]

基于 Unix 系统，我们可以尽量使用一些可用的系统库，也就是相关系统的头文件只有在可用时才会构建可选文件。

这种获取文件的方法因版本的不同而不同，以下是一些适用于流行版本的命令。

在 Fedora、Red Hat Enterprise Linux 和其他基于 yum 系统的系统上：

```
sudo yum install yum-utils
sudo yum-builddep python3
```

在 Fedora 和其他基于 DNF 系统的系统上：

```
sudo dnf install dnf-plugins-core  # install this to use 'dnf builddep'
sudo dnf builddep python3
```

在 Debian、Ubuntu 和其他基于 apt 系统的系统上，尝试使用 apt 命令获取正在处理的 Python 的依赖项。

---

① 资料来源于 www.python.org

首先，确保已启用源列表中的源包。可以将源包的位置（包括 URL、分发名称和组件名称）添加到 /etc/apt/sources.list。

以 Ubuntu Bionic 为例：

```
deb-src http://archive.ubuntu.com/ubuntu/ bionic main
```

对于其他发行版本，例如 Debian，请更改 URL 和名称，与特定发行版本相对应。

然后，更新包索引：

```
sudo apt-get update
```

最后，可以通过 apt 的以下方式安装构建依赖项：

```
sudo apt-get build-dep python3
```

如果要构建所有可选模块，请安装以下软件包及其依赖项：

```
sudo apt-get install build-essential gdb lcov libbz2-dev libffi-dev \
    libgdbm-dev liblzma-dev libncurses5-dev libreadline6-dev \
    libsqlite3-dev libssl-dev lzma lzma-dev tk-dev uuid-dev zlib1g-dev
```

附录 2

LinuxmacOS 系统运行程序[1]

对于 macOS 系统（10.12+ 版本）和 OS X 10.9 及更高版本，可自动下载并安装开发者工具，无需下载完整的 Xcode 应用程序。

如有必要，请运行以下命令：

```
xcode-select --install
```

这也将确保系统头文件安装到 /usr/include。

在 Mac OS X 系统（版本 10.0 – 10.7）和 OS X 10.8 上，使用 Apple 的 Xcode Developer Tools 提供的 C 编译器和其他开发实用程序。Mac OS X 未附带开发人员工具。

对于这些旧版本（版本 10.0 – 10.8），往往需要下载正确版本的命令行工具（如果可用），或者从该 OS X 版本的完整 Xcode 应用程序或包中安装它们。旧版本可以通过 Apple 的 App Store 免费下载或从 Apple Developer 网站获得。

另外，值得注意的是，OS X 不包含 Python 标准库使用的多个库，包括 libzma，因此除非安装它们的本地副本，否则会看到一些扩展模块构建失败。从 OS X 10.11 开始，Apple 不再为已弃用的 OpenSSL 系统版本提供头文件，这意味

① 资料来源于 www.python.org

着使用者将无法构建 ssl 扩展。

一种解决方案是从第三方包管理器（如 Homebrew 或 MacPorts）安装这些库，然后将头文件和库文件的适当路径添加到 configure 命令中。

附录 3

其他内置函数解析[1]

1. dict() 函数

作用：dict() 函数用于创建一个字典。

语法：

```
class dict(**kwarg)
class dict(mapping, **kwarg)
class dict(iterable, **kwarg)
```

解析：

**kwargs：关键字。

mapping：元素的容器。

iterable：可迭代对象。

案例：

```
dict()                    # 创建空字典
{}
```

① 资料来源于 www.runoob.com

```
dict(a='a', b='b', t='t')              # 传入关键字
{'a': 'a', 'b': 'b', 't': 't'}
dict(zip(['one', 'two', 'three'], [1, 2, 3]))  # 映射函数方式来构造字典
{'three': 3, 'two': 2, 'one': 1}
dict([('one', 1), ('two', 2), ('three', 3)])  # 可迭代对象方式来构造字典
{'three': 3, 'two': 2, 'one': 1}
```

2. help() 函数

作用：help() 函数用于查看函数或模块用途的详细说明。

语法：

```
help([object])
```

解析：

object：对象。

返回值：

返回对象帮助信息。

案例：

```
help('sys') # 查看 sys 模块的帮助

help('str') # 查看 str 数据类型的帮助

a = [1, 2, 3]
```

```
help(a) # 查看列表 list 帮助信息

help(a.append) # 显示 list 的 append 方法的帮助
```

3. setattr() 函数

作用：setattr() 函数对应函数 getattr()，用于设置属性值，该属性不一定是存在的。

语法：

```
setattr(object, name, value)
```

解析：

object：对象。

name：字符串，对象属性。

value：属性值。

案例：

```
>>>class A(object):
...     bar = 1
...
>>> a = A()
>>> getattr(a, 'bar')          # 获取属性 bar 值
1
```

```
>>> setattr(a, 'bar', 5)      # 设置属性 bar 值
>>> a.bar
5
```

4. all() 函数

作用：all() 函数用于判断给定的迭代参数的所有元素是否都为真，如果为真返回 True，否则，返回 False。Ture 以外的元素包括 False、0、空、None。

语法：

```
all(iterable)
```

解析：

iterable：表示列表或者元素。

案例：

```
>>> all(['a', 'b', 'c', 'd']) # 列表 list，元素都不为空或 0
True
>>> all(['a', 'b', '', 'd'])  # 列表 list，存在一个为空的元素
False
>>> all([0, 1，2, 3])        # 列表 list，存在一个为 0 的元素
False

>>> all(('a', 'b', 'c', 'd')) # 元组 tuple，元素都不为空或 0
True
```

```
>>> all(('a', 'b', '', 'd'))  # 元组 tuple，存在一个为空的元素
False
>>> all((0, 1, 2, 3))        # 元组 tuple，存在一个为 0 的元素
False

>>> all([])          # 空列表
True
>>> all(())          # 空元组
True
```

5. dir() 函数

作用：dir() 函数不带参数时，用于返回当前范围内的变量、方法和定义的类型列表；带参数时，用于返回参数的属性、方法列表。

语法：

```
dir([object])
```

解析：

object：对象、变量、类型。

返回值：返回模块的属性列表。

案例：

```
>>>dir()  # 获得当前模块的属性列表
['__builtins__', '__doc__', '__name__', '__package__', 'arr', 'myslice']
```

```
>>> dir([ ])  # 查看列表的方法
['__add__', '__class__', '__contains__', '__delattr__', '__delitem__', '__delslice__', '__doc__', '__eq__', '__format__', '__ge__', '__getattribute__', '__getitem__', '__getslice__', '__gt__', '__hash__', '__iadd__', '__imul__', '__init__', '__iter__', '__le__', '__len__', '__lt__', '__mul__', '__ne__', '__new__', '__reduce__', '__reduce_ex__', '__repr__', '__reversed__', '__rmul__', '__setattr__', '__setitem__', '__setslice__', '__sizeof__', '__str__', '__subclasshook__', 'append', 'count', 'extend', 'index', 'insert', 'pop', 'remove', 'reverse', 'sort']
>>>
```

6. hex() 函数

作用：hex() 函数用于将数字转换为 16 进制数。

语法：

```
hex(x)
```

解析：

x：代表整数。

返回值：返回一个字符串，以 0x 开头。

案例：

```
>>>hex(255)
'0xff'
>>> hex(-42)
'-0x2a'
>>> hex(12)
```

```
'0xc'
>>> type(hex(12))
<class 'str'>    # 字符串
```

7. slice() 函数

作用：slice() 函数用于实现切片对象，主要用在切片操作函数里的参数传递。

语法：

```
class slice(stop)
class slice(start, stop[, step])
```

解析：

start：起始位置

stop：结束位置

step：间距

返回值：返回一个切片对象。

案例：

```
>>>myslice = slice(5)   # 设置截取 5 个元素的切片
>>> myslice
slice(None, 5, None)
>>> arr = range(10)
>>> arr
[0, 1, 2, 3, 4, 5, 6, 7, 8, 9]
```

```
>>> arr[myslice]        # 截取 5 个元素
[0, 1, 2, 3, 4]
>>>
```

8. any() 函数

作用：any() 函数用于判断给定的可迭代参数是否为真。

语法：

```
any(iterable)
```

解析：

iterable：代表列表或者元组。

返回值：如果都为空、0、false，则返回 false，如果不是全部为空、0、false，则返回 true。

案例：

```
>>>any(['a', 'b', 'c', 'd']) # 列表 list，元素都不为空或 0
True

>>> any(['a', 'b', '', 'd'])  # 列表 list，存在一个为空的元素
True

>>> any([0, '', False])       # 列表 list, 元素全为 0,'',false
False
```

```
>>> any(('a', 'b', 'c', 'd'))  # 元组 tuple，元素都不为空或 0
True

>>> any(('a', 'b', '', 'd'))   # 元组 tuple，存在一个为空的元素
True

>>> any((0, '', False))        # 元组 tuple，元素全为 0,'',false
False

>>> any([]) # 空列表
False

>>> any(()) # 空元组
False
```

9. divmod() 函数

作用：divmod() 函数用于接收两个数字类型的参数，返回一个包含商和余数的元组。值得注意的是，数字类型不能是复数。

语法：

```
divmod(a, b)
```

解析：

a：第一个数字。

b：第二个数字。

如果参数 a 与参数 b 都是整数，函数返回的结果相当于 (a // b, a % b)。

如果其中一个参数为浮点数时，函数返回的结果相当于 (q, a % b)。q 通常是 math.floor(a / b)，但也有可能是1。需要注意的是，q * b + a % b的值会非常接近a。

如果 a % b 的求余结果不为 0，则余数的正负符号和参数 b 是一样的，若 b 是正数，余数为正数，若 b 为负数，余数也为负数，并且 0 <= abs(a % b) < abs(b)。

案例：

```
>>> divmod(7, 2)
(3, 1)
>>> divmod(8, 2)
(4, 0)
>>> divmod(8, -2)
(-4, 0)
>>> divmod(3, 1.3)
(2.0, 0.3999999999999999)
```

10. id() 函数

作用：id() 函数的作用是返回对象的标识符，这个标识符是整数且唯一。

语法：

```
id([object])
```

解析：

object：代表对象。

案例：

```
>>>a = 'runoob'
>>> id(a)
4531887632
>>> b = 1
>>> id(b)
140588731085608
```

11. enumerate() 函数

作用：enumerate() 函数用于将一个可遍历的数据对象 (如列表、元组或字符串) 组合为一个索引序列，同时列出数据和数据下标，一般用在 for 循环当中。

语法：

```
enumerate(sequence, [start=0])
```

解析：

sequence：一个序列、迭代器或其他支持迭代对象。

start：下标起始位置。

返回值：返回 enumerate（枚举）对象。

案例：

```
>>> seasons = ['Spring', 'Summer', 'Fall', 'Winter']
>>> list(enumerate(seasons))
[(0, 'Spring'), (1, 'Summer'), (2, 'Fall'), (3, 'Winter')]
>>> list(enumerate(seasons, start=1))       # 小标从 1 开始
[(1, 'Spring'), (2, 'Summer'), (3, 'Fall'), (4, 'Winter')]
```

普通的 for 循环：

```
i = 0
seq = ['one', 'two', 'three']
for element in seq:
    print(i, seq[i])
i += 1
```

输出结果如下：

```
0 one
1 two
2 three
```

在 PyCharm 中的运行的结果，如图 11.1 所示。

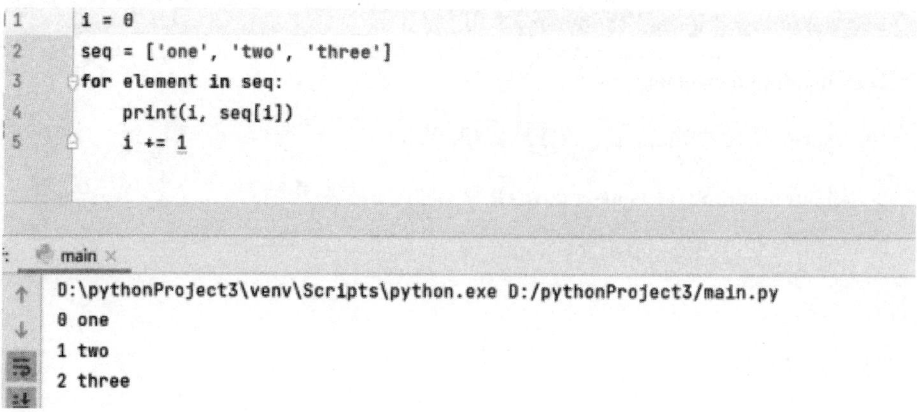

```
1  i = 0
2  seq = ['one', 'two', 'three']
3  for element in seq:
4      print(i, seq[i])
5      i += 1
```

```
main ×
D:\pythonProject3\venv\Scripts\python.exe D:/pythonProject3/main.py
0 one
1 two
2 three
```

图 11.1

for 循环使用 enumerate：

```
seq = ['one', 'two', 'three']
for i, element in enumerate(seq):
    print(i, element)
```

输出结果如下：

```
0 one
1 two
2 three
```

在 PyCharm 中的运行的结果，如图 11.2 所示。

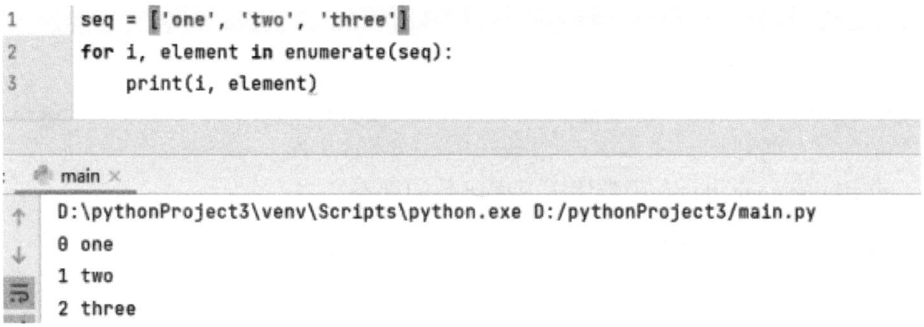

```
1  seq = ['one', 'two', 'three']
2  for i, element in enumerate(seq):
3      print(i, element)
```

```
main ×
D:\pythonProject3\venv\Scripts\python.exe D:/pythonProject3/main.py
0 one
1 two
2 three
```

图 11.2

12. oct() 函数

作用：oct() 函数的作用是将一个整数转换成 8 进制字符串。

语法：

```
oct(x)
```

解析：

x：代表一个整数。

案例：

```
oct(10)
'0o12'
 oct(20)
'0o24'
oct(15)
'0o17'
```

13. staticmethod() 函数

作用：staticmethod() 函数用于返回函数的静态。

该方法不强制要求传递参数，如下声明一个静态方法：

```
class C(object):
    @staticmethod
    def f(arg1, arg2, ...):
        ...
```

以上实例声明了静态方法 f，从而可以实现实例化使用 C().f()，当然也可以不实例化调用该方法 C.f()。

语法：

```
staticmethod(function)
```

案例：

```
class C(object):
    @staticmethod
    def f():
        print('python');
C.f(); # 静态方法无需实例化
cobj = C()
```

```
cobj.f() # 也可以实例化后调用
```

输出结果如下：

```
python
Python
```

在 PyCharm 中的运行的结果，如图 13.1 所示。

```
1  class C(object):
2      @staticmethod
3      def f():
4          print('python');
5  C.f();  # 静态方法无需实例化
6  cobj = C()
7  cobj.f()  # 也可以实例化后调用

   C

main ×
D:\pythonProject3\venv\Scripts\python.exe D:/pythonProject3/main.py
python
python
```

图 13.1

14. eval() 函数

作用：eval() 函数用来执行一个字符串表达式，并返回表达式的值。

语法：

```
eval(expression[, globals[, locals]])
```

解析：

expression：代表一个表达式。

globals：变量作用域，全局命名空间，如果被提供，则必须是一个字典对象。

locals：变量作用域，局部命名空间，如果被提供，可以是任何映射对象。

返回值：返回表达式计算结果。

案例：

```
>>>x = 7
>>> eval( '3 * x' )
21
>>> eval('pow(2,2)')
4
>>> eval('2 + 2')
4
>>> n=81
>>> eval("n + 4")
85
```

15. open() 函数

作用：open() 函数用于打开一个文件，并返回文件对象。在对文件进行处理的过程都需要使用到这个函数，如果该文件无法被打开，会抛出 OSError。

值得注意的是，使用 open() 函数一定要保证关闭文件对象，即调用 close() 函数。

open() 函数的常用形式是接收两个参数：文件名 (file) 和模式 (mode)。

语法：

```
open(file, mode='r', buffering=-1, encoding=None, errors=None, newline=None, closefd=True, opener=None)
```

解析：

file: 必需，文件路径（相对或者绝对路径）。

mode: 可选，文件打开模式。

buffering: 设置缓冲。

encoding: 一般使用 utf8。

errors: 报错级别。

newline: 区分换行符。

closefd: 传入的 file 参数类型。

表 15-1　mode 参数包括内容

模式	描述
t	文本模式（默认）
x	写模式，新建一个文件，如果该文件已存在则会报错
b	二进制模式
+	打开一个文件进行更新（可读可写）
U	通用换行模式（不推荐）
r	以只读方式打开文件。文件的指针将会放在文件的开头。这是默认模式
rb	以二进制格式打开一个文件用于只读。文件指针将会放在文件的开头。这是默认模式。一般用于非文本文件如图片等
r+	打开一个文件用于读写。文件指针将会放在文件的开头
rb+	以二进制格式打开一个文件用于读写。文件指针将会放在文件的开头。一般用于非文本文件如图片等
w	打开一个文件只用于写入。如果该文件已存在则打开文件，并从开头开始编辑，即原有内容会被删除。如果该文件不存在，创建新文件

续表

模式	描述
wb	以二进制格式打开一个文件只用于写入。如果该文件已存在则打开文件，并从开头开始编辑，即原有内容会被删除。如果该文件不存在，创建新文件。一般用于非文本文件如图片等
w+	打开一个文件用于读写。如果该文件已存在则打开文件，并从开头开始编辑，即原有内容会被删除。如果该文件不存在，创建新文件
wb+	以二进制格式打开一个文件用于读写。如果该文件已存在则打开文件，并从开头开始编辑，即原有内容会被删除。如果该文件不存在，创建新文件。一般用于非文本文件如图片等
a	打开一个文件用于追加。如果该文件已存在，文件指针将会放在文件的结尾。也就是说，新的内容将会被写入到已有内容之后。如果该文件不存在，创建新文件进行写入
ab	以二进制格式打开一个文件用于追加。如果该文件已存在，文件指针将会放在文件的结尾。也就是说，新的内容将会被写入到已有内容之后。如果该文件不存在，创建新文件进行写入
a+	打开一个文件用于读写。如果该文件已存在，文件指针将会放在文件的结尾。文件打开时会是追加模式。如果该文件不存在，创建新文件用于读写
ab+	以二进制格式打开一个文件用于追加。如果该文件已存在，文件指针将会放在文件的结尾。如果该文件不存在，创建新文件用于读写。

案例：测试文件 test.txt

```
Test1

Test2

>>>f = open('test.txt')

>>> f.read()

'Test1\nTest2\n'
```

16. str() 函数

作用：str() 函数用于将对象转换为适于人阅读的简易模式。

语法：

```
class str(object='')
```

解析：

object：代表一个对象。

案例：

```
>>>s = 'RUNOOB'
>>> str(s)
'RUNOOB'
>>> dict = {'runoob': 'runoob.com', 'google': 'google.com'};
>>> str(dict)
"{'google': 'google.com', 'runoob': 'runoob.com'}"
>>>
```

17. bool() 函数

作用：bool() 函数用于将给定参数转换为布尔类型。

语法：

```
class bool([x])
```

解析：

x：要进行布尔转换的参数。

案例：

```
>>>bool()
False
>>> bool(0)
False
>>> bool(1)
True
>>> bool(2)
True
>>> issubclass(bool, int)  # bool 是 int 子类
True
```

18. exec() 函数

作用：exec() 函数用于执行储存在字符串或文件中的 Python 语句，相比于 eval() 函数、exec() 函数可以执行更复杂的 Python 代码。

语法：

```
exec(object[, globals[, locals]])
```

解析：

object：必选参数，表示需要被指定的 Python 代码。它必须是字符串或 code

对象。如果 object 是一个字符串，该字符串会先被解析为一组 Python 语句，然后再执行（除非发生语法错误）。如果 object 是一个 code 对象，那么它只是被简单的执行。

globals：可选参数，表示全局命名空间（存放全局变量），如果被提供，则必须是一个字典对象。

locals：可选参数，表示当前局部命名空间（存放局部变量），如果被提供，可以是任何映射对象。如果该参数被忽略，那么它将会获取与 globals 相同的值。

返回值：exec 返回值永远为 None。

案例：

```
x = 10
expr = """
z = 30
sum = x + y + z
print(sum)
"""
def func():
    y = 20
    exec(expr)
    exec(expr, {'x': 1, 'y': 2})
    exec(expr, {'x': 1, 'y': 2}, {'y': 3, 'z': 4})

func()
```

输出结果如下：

```
60
33
34
```

在 PyCharm 中的运行的结果，如图 18.1 所示。

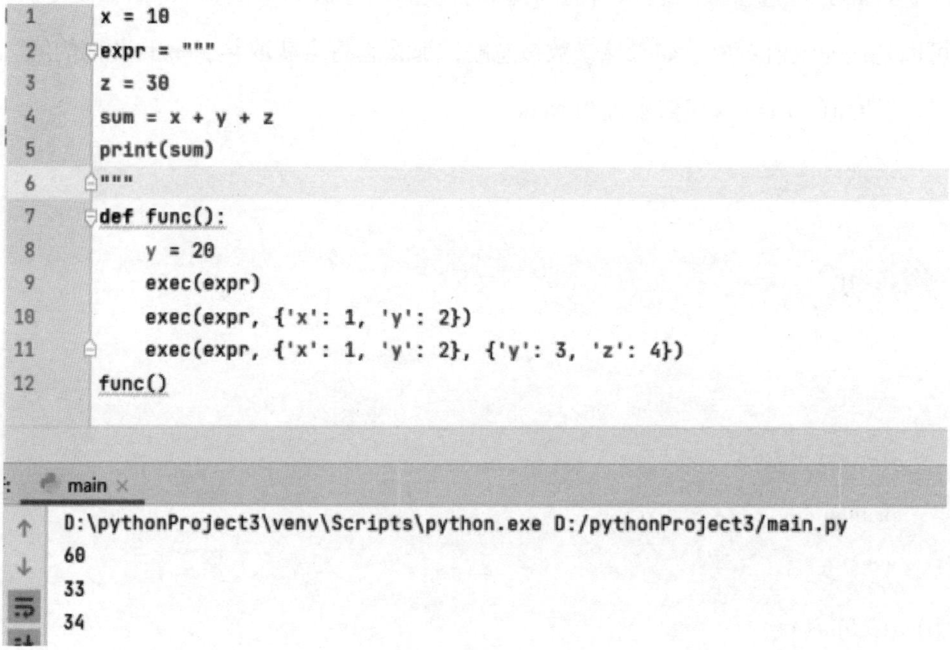

```
1   x = 10
2   expr = """
3   z = 30
4   sum = x + y + z
5   print(sum)
6   """
7   def func():
8       y = 20
9       exec(expr)
10      exec(expr, {'x': 1, 'y': 2})
11      exec(expr, {'x': 1, 'y': 2}, {'y': 3, 'z': 4})
12  func()

main ×
D:\pythonProject3\venv\Scripts\python.exe D:/pythonProject3/main.py
60
33
34
```

图 18.1

19. isinstance() 函数

作用：isinstance() 函数用于判断一个对象是否是一个已知的类型。

语法：

```
isinstance(object, classinfo)
```

解析：

object：代表一个对象。

classinfo：代表元组。

案例：

```
class A:
  pass


class B(A):
  pass


isinstance(A(), A)   # returns True
type(A()) == A       # returns True
isinstance(B(), A)   # returns True
type(B()) == A       # returns False
```

20. ord() 函数

作用：ord() 函数是 chr() 函数（对于 8 位的 ASCII 字符串）的配对函数，以一个字符串（Unicode 字符）作为参数，返回对应的 ASCII 数值，或者 Unicode 数值。

语法：

```
ord(c)
```

解析：

c：字符。

返回值：返回值是对应的 10 进制整数。

案例：

```
>>>ord('a')
97
>>> ord('€')
8364
>>>
```

21. bytearray() 函数

作用：bytearray() 函数用于返回一个新字节数组。

语法：

```
class bytearray([source[, encoding[, errors]]])
```

解析：

如果 source 为整数，则返回一个长度为 source 的初始化数组。

如果 source 为字符串，则按照指定的 encoding 将字符串转换为字节序列。

如果 source 为可迭代类型，则元素必须为 [0 ,255] 中的整数；

如果 source 为与 buffer 接口一致的对象，则此对象也可以被用于初始化 bytearray。

如果没有输入任何参数，默认就是初始化数组为 0 个元素。

返回值：返回新字节数组。

案例：

```
>>>bytearray()
bytearray(b'')
>>> bytearray([1,2,3])
bytearray(b'\x01\x02\x03')
>>> bytearray('runoob', 'utf-8')
bytearray(b'runoob')
>>>
```

22. filter() 函数

filter() 函数用于过滤序列，过滤掉不符合条件的元素，返回一个迭代器对象，如果要转换为列表，可以使用 list() 函数来转换。

语法：

```
filter(function, iterable)
```

解析：

function：判断一个函数。

iterable：代表可迭代对象。

案例：

```
def is_odd(n):
```

```
    return n % 2 == 1


tmplist = filter(is_odd, [1,2,3,4,5,6,7,8,9,10)

newlist = list(tmplist)

print(newlist)
```

输出结果如下：

```
[1, 3, 5, 7, 9]
```

在 PyCharm 中的运行的结果，如图 22.1 所示。

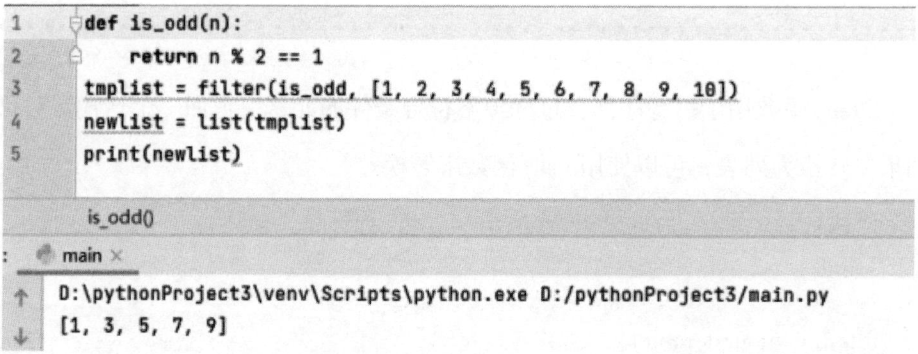

```
1  def is_odd(n):
2      return n % 2 == 1
3  tmplist = filter(is_odd, [1, 2, 3, 4, 5, 6, 7, 8, 9, 10])
4  newlist = list(tmplist)
5  print(newlist)

   is_odd()

main ×
D:\pythonProject3\venv\Scripts\python.exe D:/pythonProject3/main.py
[1, 3, 5, 7, 9]
```

图 22.1

23. super() 函数

作用：super() 函数是用于调用父类的一个方法。

语法：

```
super(type[, object-or-type])
```

解析：

type：类。

object-or-type：类。

案例：

```
class FooParent(object):
    def __init__(self):
        self.parent = 'I\'m the parent.'
        print ('Parent')

    def bar(self,message):
        print ("%s from Parent" % message)

class FooChild(FooParent):
    def __init__(self):
        # super(FooChild,self) 首先找到 FooChild 的父类（就是类 FooParent），
然后把类 FooChild 的对象转换为类 FooParent 的对象
        super(FooChild,self).__init__()
        print ('Child')

    def bar(self,message):
        super(FooChild, self).bar(message)
        print ('Child bar fuction')
```

```
        print (self.parent)


if __name__ == '__main__':
    fooChild = FooChild()
fooChild.bar('HelloWorld')
```

输出结果如下：

```
Parent
Child
HelloWorld from Parent
Child bar fuction
I'm the parent.
```

在 PyCharm 中的运行的结果，如图 23.1 所示。

```
1  class FooParent(object):
2      def __init__(self):
3          self.parent = 'I\'m the parent.'
4          print('Parent')
5
6      def bar(self, message):
7          print("%s from Parent" % message)
8  class FooChild(FooParent):
9      def __init__(self):
10         # super(FooChild,self) 首先找到 FooChild 的父类（就是类 FooParent），然后把类 FooChild 的对象转换为类 FooParent 的对象
11         super(FooChild, self).__init__()
12         print('Child')
13     def bar(self, message):
14         super(FooChild, self).bar(message)
15         print('Child bar fuction')
16         print(self.parent)
17 if __name__ == '__main__':
18     fooChild = FooChild()
19     fooChild.bar('HelloWorld')
FooParent
main ×
D:\pythonProject3\venv\Scripts\python.exe D:/pythonProject3/main.py
Parent
Child
HelloWorld from Parent
Child bar fuction
I'm the parent.
```

图 23.1

24. bytes() 函数

作用：bytes() 函数的作用是返回一个新的 bytes 对象，该对象是一个 0 <= x < 256 区间内的整数不可变序列。

语法：

```
class bytes([source[, encoding[, errors]]])
```

解析：

如果 source 为整数，则返回一个长度为 source 的初始化数组。

如果 source 为字符串，则按照指定的 encoding 将字符串转换为字节序列。

如果 source 为可迭代类型，则元素必须为 [0 ,255] 中的整数。

如果 source 为与 buffer 接口一致的对象，则此对象也可以被用于初始化 bytearray。

如果没有输入任何参数，默认就是初始化数组为 0 个元素。

返回值：返回一个新的 bytes 对象。

案例：

```
>>>a = bytes([1,2,3,4])
>>> a
b'\x01\x02\x03\x04'
>>> type(a)
<class 'bytes'>
>>>
```

```
>>> a = bytes('hello','ascii')
>>>
>>> a
b'hello'
>>> type(a)
<class 'bytes'>
>>>
```

25. float() 函数

作用：float() 函数用于将整数和字符串转换成浮点数。

语法：

```
class float([x])
```

解析：

x：整数或字符串。

返回值：返回浮点数。

案例：

```
>>>float(3)
3.0
>>> float(33)
33.0
>>> float(-33)
```

```
-33.0
```

26. iter() 函数

作用：iter() 函数用来生成迭代器。

语法：

```
iter(object[, sentinel])
```

解析：

object：支持迭代的集合对象。

sentinel：如果传递了第二个参数，则参数 object 必须是一个可调用的对象。此时，iter 创建了一个迭代器对象，每次调用这个迭代器对象的 next__() 方法时，都会调用 object。

返回值：迭代器对象。

案例：

```
>>>lst = [1, 2, 3]
>>> for i in iter(lst):
...     print(i)
...
1
2
3
```

27. print() 函数

作用：print() 函数用于打印输出。

语法：

```
print(*objects, sep=' ', end='\n', file=sys.stdout, flush=False)
```

解析：

Objects：复数，表示可以一次输出多个对象。输出多个对象时，需要用“,”分隔。

Sep：用来间隔多个对象，默认值是一个空格。

end：用来设定以什么结尾。默认值是换行符“\n”，可以换成其他字符串。

File：要写入的文件对象。

Flush：输出是否被缓存通常决定于 file，但如果 flush 关键字参数为 True，则会被强制刷新。

案例：

```
import time

print(" 效果：")

print("Loading",end = "")
for i in range(20):
    print(".",end = '',flush = True)
```

```
time.sleep(0.5)
```

输出结果如下：

```
效果：
Loading....................
```

在 PyCharm 中的运行的结果，如图 27.1 所示。

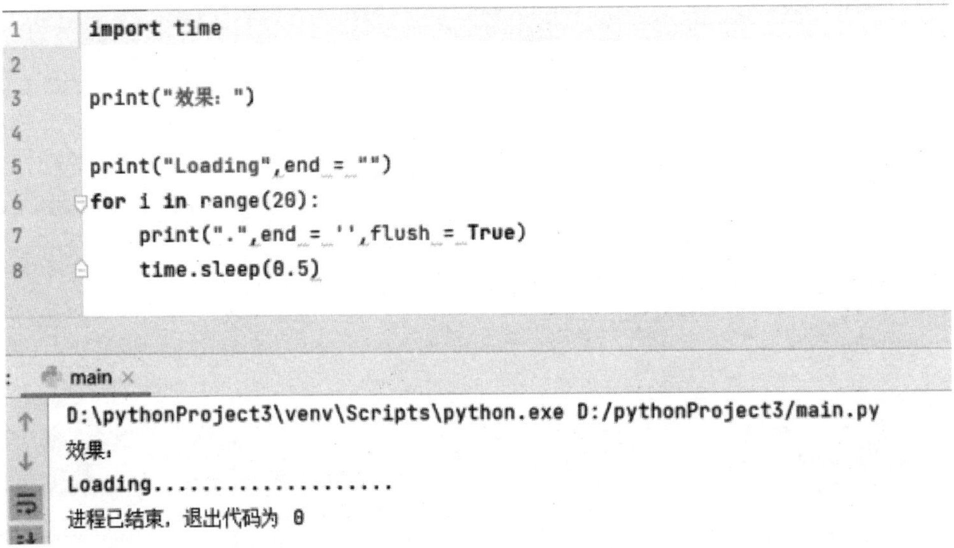

```
1  import time
2
3  print("效果：")
4
5  print("Loading",end = "")
6  for i in range(20):
7      print(".",end = '',flush = True)
8      time.sleep(0.5)
```

```
main ×
D:\pythonProject3\venv\Scripts\python.exe D:/pythonProject3/main.py
效果：
Loading....................
进程已结束，退出代码为 0
```

图 27.1

28. tuple() 函数

作用：tuple() 函数用于将可迭代系列转换为元组。

语法：

```
tuple( iterable )
```

解析：

iterable：要转换为元组的可迭代序列。

案例：

```
>>>list1= ['Google', 'Taobao', 'Baidu']
>>> tuple1=tuple(list1)
>>> tuple1
('Google', 'Taobao', 'Baidu')
```

29. callable() 函数

作用：callable() 函数用于检查一个对象是否是可调用的。

语法：

```
callable(object)
```

解析：

object：对象。

返回值：可调用返回 True，否则返回 False。

案例：

```
>>>callable(0)
False
```

```
>>> callable("runoob")
False

>>> def add(a, b):
...     return a + b
...
>>> callable(add)           # 函数返回 True
True
>>> class A:                # 类
...     def method(self):
...         return 0
...
>>> callable(A)             # 类返回 True
True
>>> a = A()
>>> callable(a)             # 没有实现 __call__, 返回 False
False
>>> class B:
...     def __call__(self):
...         return 0
...
>>> callable(B)
True
>>> b = B()
>>> callable(b)             # 实现 __call__, 返回 True
```

```
True
```

30. format() 格式化函数

作用：自版本 Python2.6 开始，新增了一种格式化字符串的函数 str.format()，增强了字符串格式化的功能。

语法：

```
在 Python2.6 以上的版本中，可以通过"{}"和":"来代替以前的"%"
```

format() 函数可以接受多个参数，位置可以不按顺序。

案例：

```
print("{name}, 课程 {url}".format(name=" 菜鸟 ", url="Python"))

site = {"name": " 菜鸟 ", "url": "Python"} # 字典参数
print("{name}, 课程 {url}".format(**site))

my_list = [' 菜鸟 ', 'Python'] # 索引参数
print("{0[0]}, 课程 {0[1]}".format(my_list))
```

在 PyCharm 中的运行的结果，如图 30.1 所示。

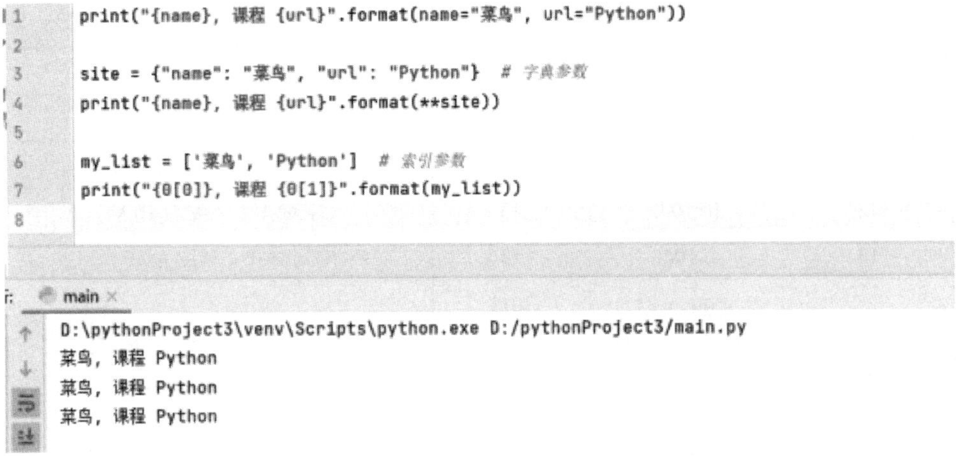

```
1  print("{name}, 课程 {url}".format(name="菜鸟", url="Python"))
2
3  site = {"name": "菜鸟", "url": "Python"}  # 字典参数
4  print("{name}, 课程 {url}".format(**site))
5
6  my_list = ['菜鸟', 'Python']  # 索引参数
7  print("{0[0]}, 课程 {0[1]}".format(my_list))
8

main
D:\pythonProject3\venv\Scripts\python.exe D:/pythonProject3/main.py
菜鸟, 课程 Python
菜鸟, 课程 Python
菜鸟, 课程 Python
```

图 30.1

str.format() 格式化数字的多种方法：

```
print("{:.2f}".format(3.1415926))
3.14
```

表 30-1　str.format() 格式化数字的多种方法

数字	格式	输出结果	描述
3.1415926	{:.2f}	3.14	保留小数点后两位
3.1415926	{:+.2f}	+3.14	带符号保留小数点后两位
−1	{:+.2f}	−1.00	带符号保留小数点后两位
2.71828	{:.0f}	3	不带小数
5	{:0>2d}	05	数字补零（填充左边，宽度为 2）
5	{:x<4d}	5xxx	数字补 x（填充右边，宽度为 4）
10	{:x<4d}	10xx	数字补 x（填充右边，宽度为 4）
1000000	{:,}	1,000,000	以逗号分隔的数字格式
0.25	{:.2%}	25.00%	百分比格式

续表

数字	格式	输出结果	描述
1000000000	{:.2e}	1.00e+09	指数记法
13	{:>10d}	13	右对齐（默认，宽度为 10）
13	{:<10d}	13	左对齐（宽度为 10）
13	{:^10d}	13	中间对齐（宽度为 10）
11	'{:b}'.format(11) '{:d}'.format(11) '{:o}'.format(11) '{:x}'.format(11) '{:#x}'.format(11) '{:#X}'.format(11)	1011 11 13 b 0xb 0XB	进制

“^、<、>” 分别是居中、左对齐、右对齐，后面带宽度，“:” 后面带填充的字符，只能是一个字符，不指定则默认是用空格填充。

“+” 表示在正数前显示 “+”，负数前显示 “-”；“空格” 表示在正数前加空格

“b、d、o、x ” 分别是 2 进制、10 进制、8 进制、16 进制。

此外，我们可以使用大括号 “{}” 来转义大括号，实例如下：

```
print ("{} 对应的位置是 {{0}}".format("runoob"))
```

输出结果如下：

```
runoob 对应的位置是 {0}
```

31. property() 函数

作用：property() 函数的作用是在新式类中返回属性值。

语法：

```
class property([fget[, fset[, fdel[, doc]]]])
```

解析：

fget：获取属性值的函数。

fset：设置属性值的函数。

fdel：删除属性值函数。

doc：属性描述信息。

返回值：返回新式类属性。

案例：

```
class C(object):
    def __init__(self):
        self._x = None

    def getx(self):
        return self._x

    def setx(self, value):
        self._x = value
```

```
    def delx(self):
        del self._x

    x = property(getx, setx, delx, "I'm the 'x' property.")
```

如果 c 是 C 的实例化 , c.x 将触发 getter，c.x = value 将触发 setter，del c.x 触发 deleter。

如果给定 doc 参数，其将成为这个属性值的 docstring，否则 property 函数就会复制 fget 函数的 docstring（如果有的话）。

将 property 函数用作装饰器可以很方便地创建只读属性：

```
class Parrot(object):
    def __init__(self):
        self._voltage = 100000

    @property
    def voltage(self):
        """Get the current voltage."""
        return self._voltage
```

上面的代码将 voltage() 方法转化成同名只读属性的 getter 方法。

property 的 getter、setter 和 deleter 方法同样可以用作装饰器：

```
class C(object):
```

```
def __init__(self):
    self._x = None

@property
def x(self):
    """I'm the 'x' property."""
    return self._x

@x.setter
def x(self, value):
    self._x = value

@x.deleter
def x(self):
    del self._x
```

32. getattr() 函数

作用：getattr() 函数用于返回一个对象属性值。

语法：

```
getattr(object, name[, default])
```

解析：

object：代表一个对象。

name：字符串。

default：默认返回值，如果不提供该参数，在没有对应属性时，将触发 AttributeError。

案例：

```
>>>class A(object):
...     bar = 1
...
>>> a = A()
>>> getattr(a, 'bar')        # 获取属性 bar 值
1
>>> getattr(a, 'bar2')      # 属性 bar2 不存在，触发异常
Traceback (most recent call last):
  File "<stdin>", line 1, in <module>
AttributeError: 'A' object has no attribute 'bar2'
>>> getattr(a, 'bar2', 3)   # 属性 bar2 不存在，但设置了默认值
3
>>>
```